中国通信学会普及与教育工作委员会推荐教材

21世纪高职高专电子信息类规划教材
21 Shiji Gaozhi Gaozhuan Dianzi Xinxilei Guihua Jiaocai

宽带接入网技术基础

蒋振根 主编

陈东升 程灵聪 编

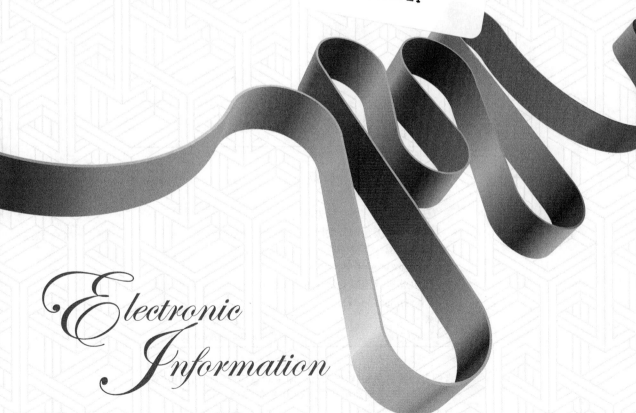

Electronic
Information

人民邮电出版社

北京

图书在版编目（C I P）数据

宽带接入网技术基础 / 蒋振根主编. -- 北京：人民邮电出版社，2015.1（2020.8重印）
21世纪高职高专电子信息类规划教材
ISBN 978-7-115-37262-8

Ⅰ．①宽… Ⅱ．①蒋… Ⅲ．①宽带接入网—高等职业教育—教材 Ⅳ．①TN915.6

中国版本图书馆CIP数据核字（2014）第265781号

内 容 提 要

本书全面系统地介绍了目前宽带接入的几种常用技术，并针对职业院校学生学习的特点及与企业岗位对接为切入点，从实用性的角度讲述了典型的宽带接入技术系统结构及其应用、配置维护、施工设计等方面的内容。全书共分为 6 部分 17 章，内容包括：接入网基础知识，以太网接入技术与实训，ADSL 接入技术与实训，GPON 接入技术与实训，无线接入技术与实训，HFC 接入技术与实训。

本书的编写理论性与实践性并重，内容通俗易懂，层次清楚，实用性强，每章均有内容总结和思考题，使学生能够巩固本章所学知识。书中所涉及的实训平台均采用现网主流设备来模拟网络体系架构组建，实训内容及步骤循序渐进，适合不同层次读者的需要。本书可作为通信、电子、信息类高等职业技术院校的教材，也适合通信、计算机和有线电视等企事业单位从事相关科研、教学和工程技术人员阅读参考。

- ◆ 主　　编　蒋振根
　　　编　　　陈东升　程灵聪
　　　责任编辑　滑　玉
　　　责任印制　沈　蓉　彭志环
- ◆ 人民邮电出版社出版发行　　北京市丰台区成寿寺路 11 号
　　邮编　100164　电子邮件　315@ptpress.com.cn
　　网址　http://www.ptpress.com.cn
　　北京九州迅驰传媒文化有限公司印刷
- ◆ 开本：787×1092　1/16
　　印张：12.5　　　　　　　　2015 年 1 月第 1 版
　　字数：307 千字　　　　　　2020 年 8 月北京第 6 次印刷

定价：36.00 元

读者服务热线：(010)81055256　印装质量热线：(010)81055316
反盗版热线：(010)81055315

前　言

接入网是通信网的重要组成部分，是当前通信网中发展最快、竞争最激烈的网络，在接入介质上从早期的单一铜线接入演进为光纤接入和无线接入，在业务上也从早期的单一语音窄带接入演进为支持语音、数据、图像等多媒体业务的宽带综合接入。随着科学技术的发展以及人们对接入网的了解与应用，接入网技术的应用必将成为职业院校通信、电子、信息类专业毕业生就业的主要渠道和选择对象。

本书全面系统地介绍了目前宽带接入的几种常用技术，并针对职业院校学生学习的特点及与企业岗位对接为切入点，从实用性的角度讲述了典型的宽带接入技术系统结构及其应用、配置维护、施工设计等方面的内容。本书所有实训项目都来自于企业多年积累的工程项目，每个实训项目都包含实训目的、实训规划、实训原理、实训步骤与记录等多个环节，循序渐进地展开通信工程项目。本书通过实训室开展模拟运营商现网的网络设计和业务开通配置等实训，进而让学生接触大型商用设备，强化对理论知识的理解，提升工程方面的实际应用技能，获得工程经验，增强专业素养，为成为合格的工程型人才奠定了基础。

全书共分为 6 部分 17 章，主要内容包括：接入网基础知识，以太网接入技术与实训，ADSL 接入技术与实训，GPON 接入技术与实训，无线接入技术与实训，HFC 接入技术与实训。本书注重理论与实践的紧密结合，在每部分都配有相关理论知识讲解及设备系统结构介绍，每章内容之后都配有总结和思考题，以帮助学生巩固本章所学知识。本书内容通俗易懂，层次清楚，循序渐进，实用性强。

全书由蒋振根主编和统稿，并负责第 1 章～13 章的编写。第 14 章、15 章由程灵聪编写，第 16 章、17 章由陈东升编写。

本书可作为通信、电子、信息类高等职业技术院校的教材，也适合通信、计算机和有线电视等企事业单位从事相关科研、教学和工程技术人员阅读参考。

由于编者水平有限，加之宽带网络技术发展非常迅速，虽然努力做到最好，但书中肯定还是存在疏漏和错误之处，恳请广大读者批评指正，以使教材质量不断提高。

编　者
2014 年 8 月

目　录

第一部分　接入网基础知识

第二部分　以太网接入技术实训

第五部分　无线接入技术

第六部分 HFC 接入技术

第一部分
接入网基础知识

第1章

接入网的概念

随着通信技术迅猛发展，人们对电信业务多样化的需求也不断提高，如何充分利用现有的网络资源增加业务类型，提高服务质量，已成为电信专家和运营商日益关注研究的课题，"最后一公里"解决方案是大家最关心的焦点。因此，本章主要对接入网的基本概念和 ITU-T 制定的两个接入网标准做个介绍，为后续的学习奠定基础。

1.1 从位置关系理解接入网

传统的电话网，通过电话线把固话终端与交换机相连，提供以语音为主的业务。那时，用户接入部分仅仅是交换网络的最后延伸，是某些具体接入设备的附属设施，并不是一个独立完整的网络部件。近些年来，随着用户业务类型及用户规模的剧增，需要有一个综合语音、数据及视频的接入网络来实现用户的接入需求，由此产生了接入网（Access Network，AN）的概念。在 1975 年，英国电信（British Telecom，BT）首次提出了接入网的概念。1979 年，ITU-T（国际电联电信标准化部门，其前身为 CCITT）开始制定有关接入网的标准；1995 年，电信网接入网标准 ITU-T G.902 建议书发布；2000 年，IP 接入网标准 ITU-T Y.1231 建议书发布。接入网标准的出台，使接入网真正成为了独立的网络；特别是 Y.1231 的发布，在 20 世纪 90 年代中后期互联网开始突飞猛进发展的大背景下，使 IP 接入网进入了大发展时期。经过几十年的发展，接入网已经成为一个相对独立、完整的网络，与核心网一起成为现代通信网络的两大基本部分。目前，接入网进入了高速发展期，其规模之大、影响面之广前所未有。

什么是接入网呢？我们从直观的位置关系来理解接入网的概念。

先从生活中的例子谈起。在我们的日常生活中，常常会提到"上网"这个词。那么，我们的计算机（手机等）是怎样连到互联网上去的呢？计算机（手机等）并不是直接与互联网相连的，中间必须要通过一系列的设备、线路等。经过的这些设备、线路等就构成了接入网。上网用的计算机（手机等）属于用户部分，而互联网属于核心网部分，因此，通俗地说，接入网就是把用户接入到核心网的网络。

如图 1-1 所示，一个通信网络从水平方向看，由用户部分、接入网部分和核心网部分组成。用户部分可以是单独的设备，也可能是由多个用户设备构成的用户驻地网。

接入网处于整个通信网的网络边缘，用户的各种业务通过接入网进入核心网。通常，接入网有两个俗称：Last mile（最后一英里）和 First mile（最初一英里）。这是从不同的位置角度对接入网的称呼。从运营商角度来看，接入网是他们运营建设的最后一段，所以他们称之为"最后一公里"；而对于用户而言，接入网是与他们最直接接触的运营商网络，所以是

"最初一公里"。不过，"一公里"只是个形象的称呼，并非实际距离为一公里，只是表明这段网络相对于核心网而言，是距离较短的一段。

图 1-1　接入网在通信网中的位置

1.2　接入网的标准

1.2.1　电信网接入网标准

1995 年 11 月 2 日，国际电联发布了接入网的第一个总体标准——ITU-T G.902 建议书。在 G.902 建议书中，接入网被定义为：接入网是由一系列实体（诸如线缆装置和传输设施等）组成的、提供所需传送承载能力的一个实施系统，在一个业务节点接口（Service Node Interface，SNI）与之相关联的每一个用户网络接口（User-Network Interface，UNI）之间提供电信业务所需的传送能力。接入网可以经由一个 Q3 接口进行配置和管理。一个接入网实现 UNI 和 SNI 的数量和类型原则上没有限制。接入网不解释用户信令。

仔细分析 G.902 对接入网的定义，可以看出以下几点。

（1）接入网是由线缆装置、传输设备等实体构成的一个实施系统。

（2）接入网为电信业务提供所需的传送承载能力。

（3）电信业务是在 SNI 和每一与之关联的 UNI 之间提供的。

（4）接入网可以经由 Q3（电信管理网（TMN）的一种接口）进行配置和管理。

（5）接入网不解释用户信令。

（6）接入网主要完成复用、连接和运送功能，不含交换功能，独立于交换机。

根据该建议书，接入网的覆盖范围可由 3 个接口来界定：业务节点接口（SNI）、用户网络接口（UNI）和 Q3 接口，如图 1-2 所示。

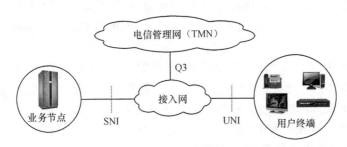

图 1-2　接入网的界定

SNI 业务节点接口位于接入网的 SN 侧，是接入网和业务节点（Service Node，SN）之间的接口。业务节点是提供具体业务服务的实体，是一种可接入各种交换类型或永久连接型电信业务的网元。SNI 是 SN 通过 AN 向用户提供电信业务的接口。SNI 可分为模拟接口（Z 接口）和数字接口（V 接口）两大类。Z 接口对应于 UNI 的模拟 2 线音频接口，可提供普通电话业务。V 接口经历了 V1 接口到 V5 接口的发展，其中 V5 接口是标准化的开放型数字接口，包括 V5.1 和 V5.2 两个版本。

用户网络接口（UNI）位于接入网的用户侧，是用户和接入网之间的接口。用户终端通过 UNI 连接到 AN。接入网通过 UNI 为用户提供各种业务服务。用户网络接口主要有传统的模拟电话 Z 接口、ISDN 接口、ATM 接口、E1 接口、以太网接口等。

维护管理接口 Q3 是接入网与电信管理网（Telecommunication Management Network，TMN）的接口。Q3 接口是电信管理网与各被管理部分连接的标准接口。电信管理网通过 Q3 标准接口实施对接入网的管理。管理功能包括：用户端口功能的管理、运送功能的管理、业务端口功能的管理。

G.902 建议书是关于接入网的第一个总体标准，它确立了接入网的第一个总体结构，对接入网的形成具有关键性的奠基作用。但是，受限于当时的历史条件，互联网技术的理念、框架还远未深入影响通信技术界，传统电信技术的体系和思路还是电信网络的主体。

G.902 建议书暴露出一定的局限性。

（1）只具有连接、复用、运送功能，不具备交换功能。

（2）只能静态关联：SNI 和 UNI 只能由网管人员通过 Q3 接口的指派实现静态关联，不能动态关联。

（3）不解释用户信令：用户不能通过信令选择不同的业务提供者。

（4）由特定接口界定。

（5）核心网与业务绑定，不利于其他业务提供者参与。

（6）不具备独立的用户管理功能。

G.902 建议书很大程度上受到传统电信技术的影响，其定义的接入网，特别是接入网的功能体系、接入类型、接口规范等，更好地适用于电信网络。所以当关于 IP 接入网的总体标准 Y.1231 问世以后，人们有时将 G.902 建议书称为"电信接入网总体标准"。

1.2.2　IP 接入网标准

2000 年 11 月，ITU-T 通过 IP 接入网标准——Y.1231 建议书给出了 IP 接入网的总体框架结构。该建议书给出了 IP 接入网定义：IP 接入网是由网络实体组成提供所需接入能力的一个实施系统，用于在一个"IP 用户"和一个"IP 服务者"之间提供 IP 业务所需的承载能力。

定义中的"IP 用户"和"IP 服务者"都是逻辑实体，它们终止 IP 层和 IP 功能并可能包括低层功能。"IP 用户"也称"IP 使用者"，"IP 服务者"也称"IP 服务提供者（ISP）"。

进一步理解 IP 接入网的定义，可以看出以下几点。

（1）IP 接入网由 IP 用户和 IP 服务提供者之间提供接入能力的实体组成。

（2）由这些实体提供承载 IP 业务的能力。

（3）定义中的 IP 服务提供者是一种逻辑实体，可能是一个服务器群组，可能是一个服务器，甚至可能是一个提供 IP 服务的进程。

（4）IP 用户可以动态选择不同的 IP 服务提供者。

根据该建议书，IP 接入网的总体架构如图 1-3 所示。

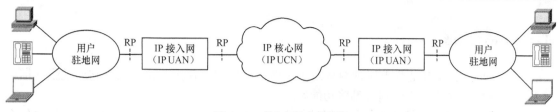

图 1-3　IP 接入网的总体架构

在图 1-3 中，用户驻地网（Customer Premises Network，CPN）位于用户驻地，可以是小型办公网络，也可以是家庭网络，可能是运营网络，也可能是非运营网络。IP 核心网是 IP 服务提供商的网络，可以包括一个或多个 IP 服务提供商。

IP 接入网位于 IP 核心网和用户驻地网之间，IP 接入网与用户驻地网、IP 核心网之间的接口不再是 3 种接口，而是由统一的参考点（RP）界定。RP 是一种抽象、逻辑接口，适用所有 IP 接入网；它在 Y.l231 标准中未作具体定义，在具体的接入技术中，由专门的协议描述 RP，不同接入技术对 RP 有不同的解释。

IP 接入网具有以下 3 大功能。

（1）运送功能：承载并传送 IP 业务。

（2）IP 接入功能：对用户接入进行控制和管理（AAA 功能：鉴权、授权和结算）。

（3）IP 接入网系统管理功能：系统配置、监控、管理。

对 IP 接入功能的支持，是 IP 接入网与电信接入网在总体架构方面的最大区别。与 G.902 定义的接入网相比，IP 接入网不仅具有复用、连接、运送功能，还具有交换和记费功能，可以给用户分配 IP 地址，可以实现 NAT 功能等。它能解释用户信令，IP 用户可以自己动态选择 IP 服务提供者，接入网、核心网、业务提供者完全独立，便于更多的 IP 业务提供者参与，用户可以通过接入网获得更多的 IP 服务。它具有独立且统一的 AAA 用户接入管理模式，便于运营和对用户的管理，适用于各种接入技术。

Y.1231 建议书将接入网的发展推进到一个新的阶段，揭开了 IP 接入网大发展的序幕。IP 接入网适应基于 IP 的技术潮流，可以提供数据、话音、视频和其他多种业务，满足融合网络的需要。如今的接入技术几乎都是基于 IP 接入网。

1.3　总结

（1）本章主要介绍了接入网的两个重要标准——电信接入网标准 G.902 和 IP 接入网标准 Y.1231。G.902 是历史上第一个接入网总体标准框架，使接入网开始形成一个独立网络，但它束缚于电信网的体制，局限于传统电信网络观念，这也让其暴露出很多弱点。在全球互联网浪潮影响下产生的 Y.1231 建议书定义了 IP 接入网络的总体结构，适应 IP 技术的发展潮流，将接入网推进到一个新的阶段。

（2）今天的接入网已经具备完整的功能，除了基本的传送数据流以承载多种业务的功能外，还可以实现接入鉴权和授权，可以独立结算。接入网可以不再依附于核心网络设备而独立存在，可以选择接入不同运营商的网络，可以独立于业务。

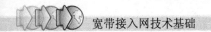

1.4　思考题

1-1　G.902 建议书是基于何种网络的接入网标准？它如何定义接入网？它通过哪些接口来界定接入网？这些接口分别有哪些功能？

1-2　Y.1231 建议书是基于何种网络的接入网标准？它如何定义接入网？接入网通过什么接口与核心网和用户驻地网相连？

1-3　Y.1231 与 G.902 相比，有哪些优势？

接入网的分类方法有很多种，可以按传输介质分，按业务带宽分，按拓扑结构分，按使用技术分，按接口标准分等，本书主要讲述宽带接入网，因此本章将介绍按传输介质分类的情况。

根据传输介质的不同，接入网可分为基于铜线传输的接入网、基于光纤传输的接入网和基于无线传输的接入网等，如图 2-1 所示。

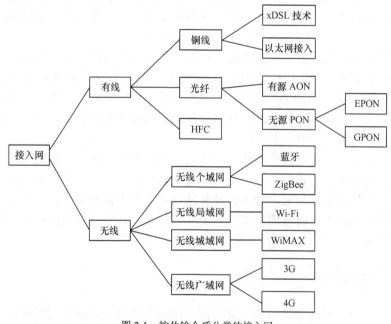

图 2-1　按传输介质分类的接入网

2.1　有线接入技术

2.1.1　xDSL 接入

xDSL 技术是基于 PSTN 发展起来的宽带接入技术，是电信接入网升级的一种重要方式。它以铜质电话线为传输介质，采用先进的数字编码技术和调制解调技术，在一根铜线上分别传送数据和话音信号。但数据信号并不通过电话交换设备，因此利用数字用户线

（Digital Subscriber Line，DSL）上网不需另外缴纳电话费。

xDSL 中的"x"代表各种数字用户线，可细分为高比特率数字用户线（High-bit-rate DSL，HDSL）、非对称数字用户线（Asymmetric DSL，ADSL）和甚高比特率数字用户线（Very high-bit-rate DSL，VDSL）等技术。这些技术的主要区别体现在信号传输速度和距离的不同，以及上、下行速率的对称性等方面的差异。

xDSL 技术由于充分利用了现有的巨大双绞线铜缆网，无需对现有电信接入系统进行改造，就可以方便地开通宽带业务，非常经济适用，曾经是宽带接入领域的主力军。但是，xDSL 技术主要采用频分复用技术以分离话音和数据，而数据部分被分配到高频段部分，随着传输距离的增加，铜线的传输损耗急剧增大，特别是高频段部分的衰减更大，基于这一特性，xDSL 技术无法提供长距离的高带宽接入，因此，它只能是一种过渡技术。

2.1.2 以太网接入

前面介绍的 xDSL 技术是利用原有电话线资源的接入技术，在铜线接入中还有一种常见的接入技术——以太网接入技术。所谓以太网（Ethernet）接入技术，就是把用在局域网中的以太网技术用于公用电信网的接入网中，来解决用户的宽带接入，目前的以太网接入可以为用户提供 10Mbit/s 到 100Mbit/s 甚至 1Gbit/s 的宽带接入能力。

以太网技术是 20 世纪 70 年代出现的一种局域网技术，也是目前应用最广泛的一种局域网技术。据统计，现有局域网的 70%以上是基于以太网协议的。以太网技术出现在公用电信网的接入网中是 1998 年以后的事情。尤其在 1999 年和 2000 年，我国通过以太网接入的用户数迅速增长。据不完全统计，目前我国通过以太网接入的用户数已达到 100 万户以上，这些用户主要是住宅用户和中小型企事业用户。

以太网技术和其他局域网技术一样，主要是针对小型的私有网络环境而设计的，适用于办公环境，目的是解决办公设备的资源共享问题。为此，其协议需要简单高效，而在用户信息的隔离，用户传输质量的保证，业务管理和网络可靠性方面没有考虑或考虑得不全面。现有的以太网接入技术虽然比传统的以太网做了一定程度的改造，但距离可运营的电信级网络的要求还差得很远。

2.1.3 光纤接入

近些年来，随着光纤技术的快速发展，接入网由铜缆接入逐步发展为光纤接入，即"光进铜退"。光纤接入是指数据通信公司局端与用户之间部分或全部采用光纤作为传输介质。光纤接入具有容量大、衰减小、远距离传输能力强、体积小、防干扰性能强、保密性好等优点，成为当前有线接入领域的主流技术。

按照用户端的光网络单元放置的位置不同，光纤接入方式又划分为光纤到路边（FTTC）、光纤到楼（FTTB）、光纤到户（FTTH）、光纤到办公室（FTTO）等几种应用模式。

目前，光纤接入技术主要可分为两大类型：有源光网络（Active Optical Network，AON）和无源光网络（Passive Optical Network，PON）技术。两者的区别在于接入网室外传输设施中，前者含有有源设备（电子器件、电子电源等），而后者则没有，因此具有可避免电磁和雷电影响，设备投资和维护成本低的优点。也正基于此特点，PON 技术受到了巨大推动并得以发展。

　　根据 PON 网络中的封装协议，PON 技术主要分为基于 ATM 传输的 PON（APON）、基于 Ethernet 分组传送的 EPON 技术以及兼顾 ATM/Ethernet/TDM 综合化的吉比特无源光网络（GPON）技术。目前，中国市场采用的是 EPON 和 GPON 技术。

2.1.4　HFC 接入

　　混合光纤同轴电缆（Hybrid Fiber/Coaxial Cable，HFC）接入技术是在有线电视网络基础上进行改造发展而成的一种宽带接入技术。有线电视网络的主干采用光纤替代传统的电缆，将头端（Head End）机房设备到用户附近的光纤节点（Fiber Node）用光纤进行连接，从光纤节点到用户端采用同轴电缆连接，故称该技术为光纤同轴混合接入技术。在该系统中，主干系统采用星状结构，配线系统采用树型结构。

　　HFC 接入网是以模拟频分复用技术为基础，综合应用模拟和数字传输技术、光纤和同轴电缆技术、射频技术及高度分布式智能技术的宽带接入网络。通过对现有电视网络进行双向化改造，连接上采用 Cable Modem 技术，使得有线电视网络除了可提供丰富的电视节目以外，还可提供话音业务、高速数据业务和个人通信业务等，实现全业务的接入。

　　HFC 利用深入千家万户的有线电视网为用户提供宽带接入，这是一种比较经济的宽带接入方式。但是，当 Cable Modem 技术大规模应用时网络的稳定性不够，带宽有待提高，所以它并不如 xDSL 技术那样被大规模推广应用。

2.2　无线接入技术

　　无线接入技术是指接入网全部或部分采用无线传输方式，为用户提供固定或移动的接入服务的技术。因其具有无需铺设线路、建设速度快、初期投资小、受环境制约不大、安装灵活、维护方便等优点，成为接入网领域的新生力量。

　　按照覆盖范围划分，宽带无线接入技术一般包括无线个域网（Wireless Personal Area Network，WPAN）、无线局域网（Wireless Local Area Network，WLAN）、无线城域网（Wireless Metropolitan Area Network，WMAN）、无线广域网（Wireless Wide Area Network，WWAN）4 类。

2.2.1　无线个域网

　　WPAN 是为了实现活动半径小（数米范围），业务类型丰富（话音、数据、多媒体）、面向特定群体（家庭与小型办公室），无线无缝的连接而提出的无线网络技术。WPAN 工作于 10m 范围内的"个人区域"，用于组成个人网络，能够提供无线终端之间的短程通信。WPAN 关注的是个人信息和连接需求，例如，将数据从台式计算机同步到便携式设备，便携式设备之间的数据交换，以及为便携式设备提供 Internet 连接等。WPAN 主要包括蓝牙、ZigBee、超宽带（UWB）和 ETSI 高性能个域网（HiperPAN）等技术。

　　WPAN 有效地解决了"最后几米电缆"的问题，提供更灵活、更具移动性以及更自由的连接以摆脱电缆的束缚，进而将无线联网进行到底。

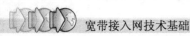

2.2.2　无线局域网

无线局域网（WLAN）是目前在全球重点应用的宽带无线接入技术之一。它的覆盖范围约为 100m，主要用于解决会场、校园、厂区、公共休闲区域等区间的用户终端的无线接入。现在大多数 WLAN 都使用 2.4GHz 频段。

WLAN 的技术标准主要有两种：IEEE 802.11 系列标准和 ETSI HiperLAN 系列标准，我国使用 IEEE 802.11 系列标准。为了推动标准、产品、市场的发展，WLAN 领域的一些领先厂商组成了 Wi-Fi（Wireless Fidelity）联盟，推动 IEEE 802.11 标准的制定，对按照标准生产的产品进行一致性和互操作性认证。因此，通常称使用了认证并以 Wi-Fi 标注的产品组网为 Wi-Fi 网络。随着 IEEE 802.11 技术的不断成熟，Wi-Fi 正成为无线接入以太网的主流技术，Wi-Fi 几乎与 WLAN 成了同义词。

2.2.3　无线城域网

无线城域网（WMAN）用于解决城域网的接入问题，覆盖范围为几千米到几十千米，通过无线技术，以比局域网更高的速率，在城市及郊区范围内实现信息传输和交换。WMAN 除提供固定的无线接入外，还提供具有移动性的接入能力，它包括：多路多点分配业务（MMDS）、本地多点分配业务（LMDS）、IEEE 802.16 和 ETSI 高性能城域网（HiperMAN）技术。

与 WLAN 领域的 Wi-Fi 联盟相似，在 MMAN 领域成立了全球微波接入互操作性（World Interoperability for Microwave Access，WiMAX）论坛。WiMAX 论坛的主要任务是推动符合 IEEE 802.16 标准的设备和系统，加速宽带无线接入（Broadband Wireless Access，BWA）的部署和应用。

2.2.4　无线广域网

无线广域网（WWAN）主要用于覆盖全国或全球范围内的无线网络，提供更大范围内的接入，具有移动、漫游、切换等特征。WWAN 技术主要包括 IEEE 802.20 技术以及 2G、3G、B3G（超 3G）和 4G，其中，3G、4G 在目前应用最多。

典型的 2G（第二代移动通信系统）技术，如 GSM 系统，通过增加 GPRS 支持节点可以实现数据传输速率最高可达 200kbit/s 数据业务的传输。使用 GPRS 构成的 WWAN，其覆盖范围与 GSM 网络一样，用户接入非常方便。在 3G（第三代移动通信系统）中，网络采用了扩频通信、数字传输、分组交换等技术，直接即可提供高达 2Mbit/s 的数据无线接入速率。4G（第四代移动通信系统）采用了 OFDM、MIMO 等关键技术，能够以 100Mbit/s 以上的速率快速传输数据、音频、视频和图像等信息。

WWAN 主要利用移动通信这一强大的广域通信设施实现广域的无线接入，是最灵活、最自由的接入方式。

以上对主要的接入网技术进行了简要介绍。可以看出，各种技术的接入环境差异很大，接入需求差异也很大，因此没有哪一种技术能满足各种环境、各种需求的接入。目前，各种宽带接入技术是并存的，互为补充的。从接入网技术的发展趋势来看，接入网技术正向着

"有线铜退光进，无线宽带移动化，有线无线相互补充，实现无缝接入，提供全业务接入"
的目标演进。

2.3　总结

（1）本章对各种主要的宽带接入技术进行了介绍。xDSL 技术的最大优势是不需要对现
有的公众电信线路进行调整，只要求铜线达到一定标准就可以实施，但基于铜线传输的特点
导致其无法满足长距离的宽带接入；以太网技术由于其设备廉价，协议简单、成熟，在我国
获得了迅速发展，但其存在着用户信息的隔离，用户传输质量的保证，业务管理和网络可靠
性等方面没有考虑或考虑不全面，离可运营的电信级网络的要求还差得很远；HFC 技术则
要求对有线电视网进行相应改造，当 Cable Modem 技术大规模应用时网络的稳定性和带宽
均不足；无源光网络技术具有很高的带宽并且技术成熟，投资和维护成本相对较低，成为当
今全球大力发展的有线接入技术。无线接入技术前景看好，但还有一些技术问题有待解决。

（2）当前宽带接入技术的发展热点是有线接入领域的 PON 和无线接入领域的 WLAN、
3G、4G 等。

（3）综合第 1 章、第 2 章的讲述可知，现在接入网的发展趋势是：IP 化和业务综合化。
IP 化是指几乎所有业务都基于 IP 方式传递，即所有媒体流都要转化为 IP 包在 IP 网络中传
输，例如，基本的数据业务是基于 IP 的，话音采用 VoIP 的方式，视频采用 IPTV 的方式。
业务综合化是指通过一个接入网络，可以实现数据、话音、视频业务的综合接入，即接入领
域的"三网融合"。本书的所有实训都基于这两大思想，并模拟现网网络架构，包括了基于
ADSL 的，基于 GPON 的，基于 IP 方式的数据、话音、视频业务的配置实训。

2.4　思考题

2-1 接入网如何分类？按照传输媒介来分，其可以分为哪些种类？

2-2 怎样理解接入网的"IP 化、业务综合化"趋势？

第二部分

以太网接入技术

实训

第 3 章

以太网接入技术

以太网接入技术是指将以太网技术与综合布线相结合，作为公用电信网的一种接入技术，直接向用户提供基于 IP 的多种业务传送通道。它的优点是技术非常成熟，标准化，平均端口成本低，带宽高，用户端设备成本低，故获得了大规模的应用。本章首先介绍了计算机网络的基本知识、基本功能特点，以及和计算机网络息息相关的网络参考模型、TCP/IP 及 IP 地址等知识，然后介绍了以太网技术的发展、分类及应用，最后介绍了以太网局域网接入的典型应用。

3.1　计算机网络概述

计算机网络虽然只有半个世纪的发展历程，但其发展速度却令人叹为观止，这是与人们对网络的需求以及网络提供的功能密切相关的。

3.1.1　计算机网络的定义

随着计算机应用的普及以及网络技术的不断发展，计算机网络已经成为当今社会的重要技术之一。

1. 计算机技术的发展

计算机网络的主要实体是计算机，1946 年 2 月 14 日，世界上第一台电子计算机在美国军方的研究部门诞生。图 3-1 所示为第一台计算机的实物。

早期计算机主要用于军事计算，而且计算速度相当慢，完全是一个低级计算器。经过几十年的发展，计算机技术已经发生了翻天覆地的变化。图 3-2 所示为现代计算机和第一台计算机的对比。

图 3-1　第一台计算机

第一台计算机
重：30 000kg
尺寸：160m²
耗电：174kW
耗资：45 万美元
运行速度：5000 次
使用者：军方

现代计算机
重：1kg
尺寸：12 英寸
耗电：250W
耗资：3000 元
运行速度：28 亿次
使用者：任何人

图 3-2　计算机对比（图中数据为约数）

现在，计算机已经发展到第六代——多核微处理器时代，但是它的发展还远远没有结束，正向着更实用、更智能化的模式发展。

2．计算机网络

计算机网络是为了实现信息交换和资源共享，利用通信线路和通信设备，将分布在不同地理位置上的具有独立工作能力的计算机互相连接起来，按照网络协议进行数据交换的计算机系统。数量众多的计算机通过通信线路串联起来，就像网一样错综复杂。

3．计算机网络实例

我们以校园网为例，进一步说明什么是计算机网络。就像学校有教务处、后勤处、财务科和各学院办公室一样，网络也有各自的组成部分。校园网主要是将网络连接到各个部门，然后各个部门的计算机再通过各种连接设备连接起来，如图 3-3 所示。

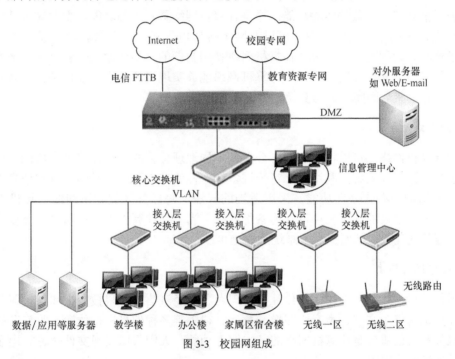

图 3-3　校园网组成

校园网首先要有计算机，然后要有传输线，再有就是连接设备，如交换机、路由器等。并不是所有的计算机都在一个地方，教学楼、办公楼、图书馆和实验室都有计算机，而这些计算机用网线按照一定的方式连起来，就组成了计算机网络。将计算机连接起来的目的就是可以通过网络来进行信息的传输、交流等。

3.1.2　计算机网络的功能

计算机网络给人们带来了很多方便的地方，可以使用聊天工具进行文字、话音或视频聊天，可以查看新闻，在线看电影、玩游戏，也可以查询资料、在线学习等。这样看来，计算机网络不但可供教学和娱乐，还提供了资源共享和数据传输的平台。

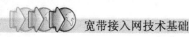

计算机网络的基本功能可以归纳为 4 方面。

1. 资源共享

所谓的资源是指构成系统的所有要素，包括软、硬件资源，例如，计算处理能力、大容量磁盘、高速打印机、绘图仪、通信线路、数据库、文件和其他计算机上的有关信息。受经济和其他因素的制约，这些资源并非（也不可能）所有用户都能独立拥有，所以网络上的计算机既可以使用自身的资源，也可以共享网络上的资源。资源共享增强了网络上计算机的处理能力，提高了计算机软硬件的利用率。

计算机网络建立的最初目的就是为了实现对分散的计算机系统的资源共享，以此提高各种设备的利用率，减少重复劳动，进而实现分布式计算的目标。

2. 数据通信

数据通信功能也即数据传输功能，这是计算机网络最基本的功能，主要完成计算机网络中各个结点之间的系统通信。用户可以在网上传送电子邮件，发布新闻消息，进行电子购物、电子贸易、远程电子教育等。计算机网络使用初期的主要用途之一就是在分散的计算机之间实现无差错的数据传输。同时，计算机网络能够实现资源共享的前提条件，就是在源计算机与目标计算机之间完成数据交换任务。

3. 分布式处理

通过计算机网络，可以将一个任务分配到不同地理位置的多台计算机上协同完成，以此实现均衡负荷，提高系统的利用率。对于许多综合性的重大科研项目的计算和信息处理，利用计算机网络的分布式处理功能，采用适当的算法，将任务分散到不同的计算机上共同完成。同时，联网之后的计算机可以互为备份系统，当一台计算机出现故障时，可以调用其他计算机实施替代任务，从而提高了系统的安全可靠性。

4. 网络综合服务

利用计算机网络，可以在信息化社会实现对各种经济信息、科技情报和咨询服务的信息处理。计算机网络对文字、声音、图像、数字、视频等多种信息进行传输、收集和处理。综合信息服务和通信服务是计算机网络的基本服务功能，人们得以实现文件传输、电子邮件、电子商务、远程访问等。

3.1.3　计算机网络的分类

传统的计算机网络主要按网络作用范围和网络拓扑结构 2 种模式分类。此处重点讲述按照网络作用范围分类的网络结构及特征。

1. 按照网络作用范围划分

按照网络作用范围划分，计算机网络基本可以分为局域网、城域网和广域网 3 种。各种工厂、学校或企业内的网络称为局域网，以一个城市为核心的网络称为城域网，各城市之间、国家之间构成的网络称为广域网。其概念特点如图 3-4 所示。

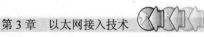

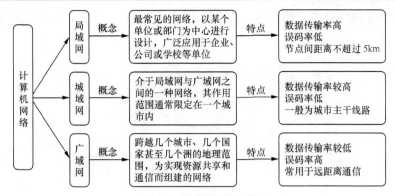

图 3-4　计算机网络分类

2. Internet 及其应用

下面以 Internet 的构成为例，进一步说明计算机网络的分类。

通常所讲的因特网（Internet）是指全球网，即全球各个国家通过线路连接起来的计算机网络，可以说是世界上最大的网络了。那么这么庞大的一个网络是怎么连起来的呢？

（1）在一个城市内各个地方的小网络（像一些企业、学校、政府机关等）都连到主干线上，如图 3-5 所示。

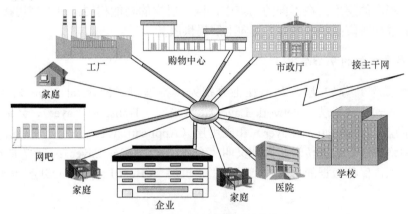

图 3-5　城市内部网络互连

（2）各城市之间又由主干线连接起来。现在的主干线大都是光纤连接，各城市之间通过各种形式将光纤连接起来，然后再由对外接口接到国外的网络上，如图 3-6 所示。

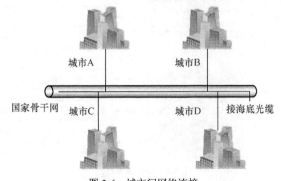

图 3-6　城市间网络连接

（3）一个国家的网络通过网络接口接到其他国家，这样，全球的 Internet 就建成了，如图 3-7 所示。

图 3-7　国家间网络互连

Internet 就是一级一级这样级联构成的。当然，它的构成还远不是这么简单，这里面除了网络线路、连接设备和计算机外，还有许多软件在支持着网络的运行。

3.2　计算机网络模型——OSI 参考模型

OSI 是开放式系统互连模型，主要包括 7 个层次。这 7 个层次的划分原则为：每个结点在网络中都有相应的层次；在不同的结点中，同一层次的功能相同；可以使用接口，使同一结点中相邻层进行通信；每一层的下层向上层提供服务。

1．OSI 参考模型的 7 个层次

OSI 参考模型共分 7 层，从下往上分别为：物理层（Physical Layer）、数据链路层（Data Link Layer）、网络层（Network Layer）、传输层（Transport Layer）、会话层（Session Layer）、表示层（Presentation Layer）和应用层（Application Layer）。1～3 层和硬件打交道，负责在网络中进行数据传送，因此又叫"介质层"（Media Layer）；4～7 层在下 3 层数据传输的基础上，保证数据的可靠性，又叫"主机层"（Host Layer）。OSI 参考模型如图 3-8 所示。

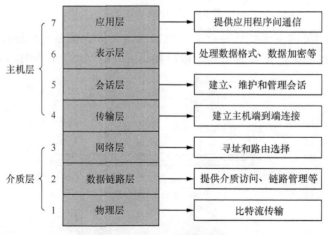

图 3-8　OSI 参考模型

（1）物理层。物理层是 OSI 模型的最底层，可以使用物理传输介质为上一层提供服务，从而获得比特流。物理层负责最后将信息编码成电流脉冲或其他信号用于网上传输，是 OSI 参考模型中和硬件打交道最多的层，因此对信息的传输起着至关重要的作用，其功能和特点如图 3-9 所示。

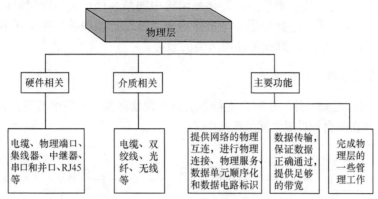

图 3-9　OSI 参考模型物理层

（2）数据链路层。数据链路层位于物理层的上一层，主要是在相邻的线路中，传输以"帧"为单位的数据，在传输的过程中不能出现差错，同时可以使用差错控制和流量控制的方法将存在差错的物理线路变为无差错的物理线路。

数据链路层可以被粗略地理解为数据信道。图 3-10 所示为数据链路层的特点及功能。

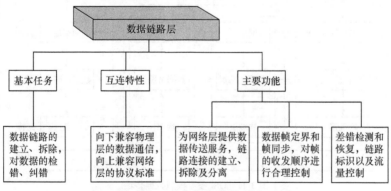

图 3-10　OSI 参考模型数据链路层

（3）网络层。网络层主要提供路由，也就是选择一个到达目标位置的最合适路径，从而保证能够及时地传输和接收数据。网络层的主要功能是：路由选择和中继，网络连接的建立和释放，在一条数据链路上复用多条网络连接（多采取时分复用技术），差错检测与恢复，排序和流量控制，服务选择，网络管理。

（4）传输层。传输层位于 OSI 体系的中间层，也是体系中最为关键的一层，主要用来向用户提供端到端的服务，从而传输报文。传输层的主要功能是：为会话层提供性能恒定的接口，进行差错恢复、流量控制等。

（5）会话层。会话层主要用来交换数据，还可以对两个会话进行组织通信。会话是指通过网络用户登录到一台主机上或是正在传输数据的连接。会话层的主要功能是：会话管理、

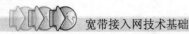
数据流同步和重新同步；建立会话实体间连接，连接释放。

（6）表示层。表示层主要用来对两个通信系统中的交换信息语法表示方式进行处理，其中交换信息语法主要包括数据格式变换和数据压缩。表示层的主要功能是：屏蔽通信双方因数据格式不同而产生的错误，为异构计算机通信提供一种公共语言。

（7）应用层。应用层位于最顶层，即体系结构中的最高层，使用此层可以确定进程间的通信性质。应用层向应用程序提供服务，直接为应用进程提供服务，在实现多个系统应用进程相互通信的同时，完成一系列业务处理所需的服务。

2. OSI 参考模型数据传输方式

当数据从一层传送到另外一层时，支持各层的协议软件负责相应的数据格式转换。图 3-11 所示为数据传输时在两台计算机之间的数据格式。

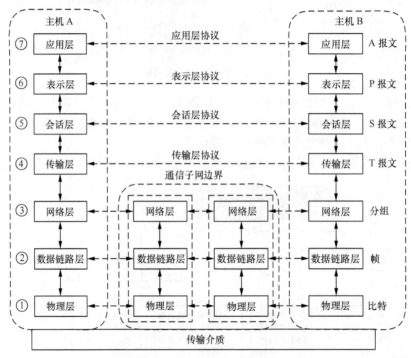

图 3-11　OSI 参考模型数据传输

数据转换的基本规则是：当数据从上层往下层传送时，协议软件在数据上添加头部；当接收方收到数据从下往上传时，协议软件负责去掉下层头部。

下面以介绍两地间 QQ 信息的传输过程为例，使大家进一步了解计算机网络中数据信息的传输原理。

现在很多人都在使用 QQ 等聊天工具，那么这些信息是如何在网络上传送的呢？在网络中，一条 QQ 信息的传送是需要很多技术来支持的，其中一个必不可少的技术就是要通过 OSI 参考模型的引领。下面就详细介绍 QQ 信息的传输过程。

（1）数据发送

① QQ 信息的编辑和发送。QQ 的聊天界面如图 3-12 所示。当编辑好一条信息如"你好"后，单击 发送(S) 按钮，这样一条信息就可以通过网络传出去了。然而，在真正的信

息发送中，计算机并不是把"你好"这两个字原样通过网线发出去的，而是经过转换。网络上是不支持任何字体直接传输的，而是把所有信息都转换成二进制的形式。所以，"你好"这一信息在计算机里就被转换成了二进制形式，如"你好"两字可被编辑成"11010110111101111100011011010101"后再传输。

图 3-12　QQ 聊天界面

②　建立链接。当计算机把"你好"转换成二进制形式后，就可以进行传输了。首先，要想把这样一条信息传输出去，必须和对方的计算机建立连接，同时使双方的信息都能够相互识别，就是要为不同计算机间提供公共语言，这两个任务是由 OSI 参考模型中的表示层和会话层完成的，会话层负责通信链路连接，表示层则负责双方能够顺利通信，如图 3-13 所示。

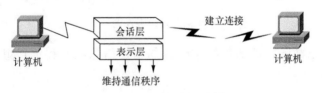

图 3-13　会话层、表示层功能

③　信息容错。不管发送什么信息，在传输时都要检测传输线路的容错性。这一过程由 OSI 参考模型的传输层完成，如图 3-14 所示。

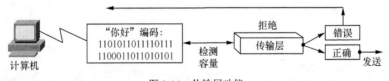

图 3-14　传输层功能

④　路径选择。当传输线路容错检测完毕后就可以发送了，然而这样一条信息该往哪儿发送呢？在网络传输上，每一条信息都是有地址的，就像我们寄信一样，寻找地址的工作就由 OSI 参考模型的网络层来完成，如图 3-15 所示。

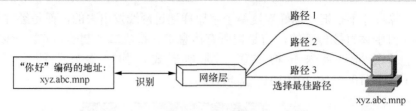

图 3-15　网络层功能

⑤ 数据纠错、建立链接。要发送的信息地址找到后，就要进行数据的纠错。如果发现信息有错误，则通知上层重新整理发送；如果信息无误，则进行物理链路的链接。这一功能主要由 OSI 参考模型的数据链路层来完成，如图 3-16 所示。

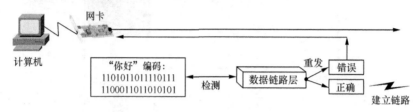

图 3-16　数据链路层功能

⑥ 数据发送。信息地址被确认之后，就要进行信息编码的传输了。这里要说明的问题是，要把计算机连到网上，就需要网卡、网线、集线器等设备，这些设备必须遵循国际上的统一标准，即 OSI 参考模型中的物理层标准，从而使世界上所有的计算机都能使用上面说到的那些设备，以顺利地相互传送信息，如图 3-17 所示。

图 3-17　物理层功能

如果线路上不出故障，即通信线路畅通的话，信息就顺利传到想要传送到的计算机上了。

（2）数据接收

① 对于接收计算机来说，首先，信息由网线传送到对方的网卡上，执行接收过程。

② 当数据被接收时，会进行数据检测。如果发现数据有误，则发出通知，要求对方重新发送；若信息正确，则接收信息"你好"，然后拆除链路。这一工作由接收计算机的数据链路层完成，如图 3-18 所示。

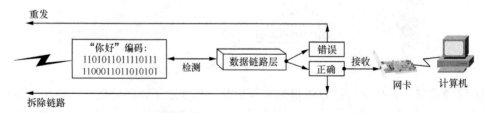

图 3-18　接收方数据链路层功能

③ 信息确认，会话结束。当信息被接收到计算机后，由高层进行数据确认，然后发送收

到确认，结束会话。这一过程是由接收方计算机的传输层和会话层完成的，如图 3-19 所示。

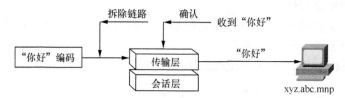

图 3-19　接收方传输层、会话层功能

④ 发送完毕，编码转化。到此，通过 QQ 发送的"你好"两个字发送完毕，只不过发到接收计算机上的仍然是二进制编码，然后再由计算机转换成"你好"二字，显示在屏幕上。如果对方再发回一条信息，则又会重新建立一条链路，原理和前面介绍的完全一样。

以上只是传送一条信息的基本线路，实际上这样的传输还需要其他许多协议或标准的支持，如传输层和会话层的功能是在 OSI 参考模型表示层的监督下进行的，而 QQ 软件本身的运行则是在 OSI 参考模型应用层的基础上建立起来的。

3.3　网络通信协议——TCP/IP 参考模型

虽然 OSI 参考模型在功能、层次等方面很详细，但由于考虑太细，完全实现比较困难，而 TCP/IP 参考模型由于 Internet 的广泛应用，得到用户和生产企业的推崇，成为事实上的网络标准。

1. TCP/IP 的发展

20 世纪 70 年代中期，美国国防部高级研究计划局为了实现异构网络之间的互连与互通，开始研究建立 TCP/IP 参考模型。其发展过程如图 3-20 所示。

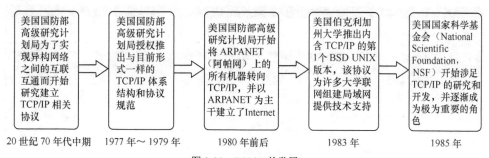

图 3-20　TCP/IP 的发展

2. TCP/IP 参考模型

与 OSI 参考模型不同，TCP/IP 参考模型分为 4 层，它们从上到下分别是：应用层、传输层、互联网层和网络接口层。

（1）应用层负责处理高层协议、相关数据表示、编码和会话控制等工作。

（2）传输层负责处理关于可靠性、流量控制、超时重传等问题，这一层也被称为主机到主机层（Host-to-Host Layer）。

（3）互联网层用于把来自互联网上的任何网络设备的源数据分组发送到目的设备，并进行最佳路径选择和分组交换。

（4）网络接口层也叫作主机-网络层，相当于 OSI 参考模型中的物理层和数据链路层，主要功能是为分组选择一条物理链路。

OSI 参考模型和 TCP/IP 参考模型的对比以及各层上的传输设备配置如图 3-21 所示。

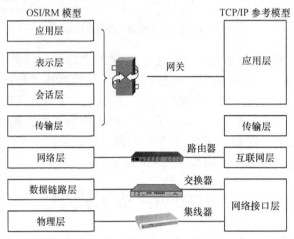

图 3-21　OSI 参考模型和 TCP/IP 参考模型比较

下面以电子邮件的发送过程为例，让大家进一步了解 TCP/IP 的功能和作用。

现在有很多人在使用电子邮箱，当编辑好一封邮件以后，输入对方邮件地址，就可以将邮件发送到对方的邮箱里了，这一过程看似简单，实际上要有 TCP/IP 来支持。下面就分析一下在邮件发送过程中 TCP/IP 起到了什么作用。

（1）邮件的编辑与发送。邮件被编辑好后，单击 发送 按钮，如图 3-22 所示。

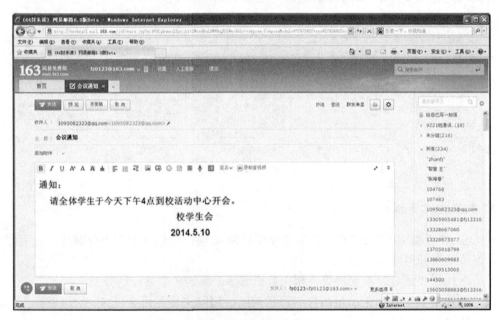

图 3-22　邮件的编辑与发送

（2）随后，计算机内部会进行一系列处理工作。首先，将邮件进行编码，编制成可以在网络上传输的二进制码；然后，进行会话连接，并将数据打包，以供下一步操作。这一过程主要由 TCP/IP 的应用层来完成，如图 3-23 所示。

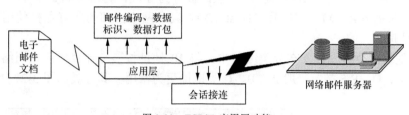

图 3-23　TCP/IP 应用层功能

（3）当文档被编码打包，会话连接成功后，由 TCP/IP 传输层负责进行流量的检测、线路可靠性的检测，如图 3-24 所示。

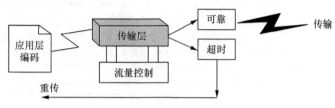

图 3-24　TCP/IP 传输层功能

（4）文档被传输层检测后就等待数据传输，此时由互联网层建立本地计算机和网络邮件服务器的连接，并将应用层的文档编码进行分组，以方便传输，如图 3-25 所示。

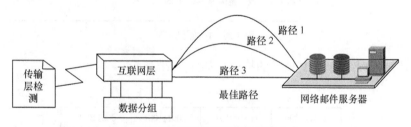

图 3-25　TCP/IP 互联网层功能

（5）最后，由网络接口层进行物理链路的选择、连接，然后将分组后的文档传送到网络服务器的相关接口设备上。服务器再通过相关途径接收邮件并存储到对方邮箱物理单元，如图 3-26 所示。

图 3-26　TCP/IP 网络接口层功能

3. IP 地址以及其他网络术语

Internet 上每一台计算机都至少拥有一个 IP 地址。IP 地址可以被表示为二进制形式，二进制表示的 IP 地址中，每个 IP 地址含 32 位，被分为 4 段，每段 8 位。IP 地址由两部分组成：网络号（Network ID）、主机号（Host ID）。同一网络内部的所有主机使用相同的网络号，但主机号是唯一的。

（1）IP 地址的分类编址。在分类编址中，将 IP 地址按节点计算机所在网络规模的大小分为 A、B、C、D、E 5 类，一般 A、B、C 类地址更为常用。其分类如图 3-27 所示。

图 3-27　IP 地址分类

以 C 类地址为例，表示 IP 地址的格式，如图 3-28 所示。

图 3-28　C 类 IP 地址格式

（2）子网掩码。子网掩码是一个 32 位的值，其中网络号和子网号部分全部被置"1"，主机的部分被置"0"，一般格式为：255.255.255.0。

子网掩码与 IP 地址二者是相辅相成的。子网掩码必须与 IP 地址一同使用，不能单独存在。使用子网掩码可以将 IP 地址划分为网络地址和主机地址两个部分。

IP 地址中的 A 类、B 类和 C 类地址相对应的默认子网掩码如表 3-1 所示。

表 3-1　　　　　　　　　　　　　　A 类、B 类和 C 类默认子网掩码

IP 地址分类	十进制子网掩码	二进制子网掩码
A 类（0.0.0.0～126.255.255.255）	255.0.0.0	11111111 00000000 00000000 00000000
B 类（128.0.0.0～191.255.255.255）	255.255.0.0	11111111 11111111 00000000 00000000
C 类（192.0.0.0～223.255.255.255）	255.255.255.0	11111111 11111111 11111111 00000000

（3）无分类编址。分类编址分配给一个组织的地址最小数量是 256（C 类），最大数量是 16777216（A 类），往往不适合给个人或中小企业等中小规模的网络使用，1996 年因特网管理机构宣布了一种新的体系机构，叫作无分类编址。在无分类编址中，一个地址块中的地址数只受一个限制：地址数必须是 2 的乘方（即 2，4，8，…）。

对于无分类编址，地址必须和掩码一起给出，掩码用 CIDR（无分类域间路由选择）记法表示，CIDR 记法给出了掩码中 1 的个数。在无分类编址编码体系中，一个地址通常被表示为 x.y.z.t/n，斜线后的 n 定义了在这个地址块的所有地址中相同的位数。例如，n 是 20，这就表示在每一个地址中，最左边的 20 位数都是相同的，而另外的 12 位则是不同的。

在无分类编址中有两个常用的术语是前缀和前缀长度。前缀是地址范围的共同部分，前缀长度就是前缀的位数（即斜线后的 n）。掩码和前缀长度有一一对应的关系，如表 3-2 所示。

表 3-2　　　　　　　　　　　　掩码和前缀长度对应关系表

/n	掩　　码	/n	掩　　码	/n	掩　　码	/n	掩　　码
/1	128.0.0.0	/9	255.128.0.0	/17	255.255.128.0	/25	255.255.255.128
/2	192.0.0.0	/10	255.192.0.0	/18	255.255.192.0	/26	255.255.255.192
/3	224.0.0.0	/11	255.224.0.0	/19	255.255.224.0	/27	255.255.255.224
/4	240.0.0.0	/12	255.240.0.0	/20	255.255.240.0	/28	255.255.255.240
/5	248.0.0.0	/13	255.248.0.0	/21	255.255.248.0	/29	255.255.255.248
/6	252.0.0.0	/14	255.252.0.0	/22	255.255.252.0	/30	255.255.255.252
/7	254.0.0.0	/15	255.254.0.0	/23	255.255.254.0	/31	255.255.255.254
/8	**255.0.0.0**	/16	**255.255.0.0**	/24	**255.255.255.0**	/32	255.255.255.255

可以看到，表 3-2 中用粗体字印刷的掩码是 A、B、C 类的默认掩码，这表示在 CIDR 记法中，分类编址是无分类编址的一个特例。

（4）主机名。主机名是指在某个网络中计算机的名称，主机名一般以字符形式分配到网络中。通常按照每台计算机在网络中的用途、主机用户和网络管理使用的命名原则进行分配。

（5）域名。域名是为了方便记忆而研究出来用来代替 IP 地址的一些字符型标识。用户在网络中可以使用域名进行相互访问。每个域名都使用小点将一串名称隔开，如 http://www.163.com/。

域名主要由两部分组成，分别为组织域名和后缀。域名后缀又叫顶级域名，每个域名后缀具有不同的含义，具体如表 3-3 所示。

表 3-3　　　　　　　　　　　　　　顶级域名分配

顶级域名后缀	含　　义	顶级域名后缀	含　　义
com	商业组织	int	国际组织
edu	教育机构	cn	中国

续表

顶级域名后缀	含 义	顶级域名后缀	含 义
gov	政府部门	uk	英国
mil	军事部门	jp	日本
net	主要网络支持中心	de	德国
org	社会组织、专业协会	fr	法国

（6）DNS 服务系统。DNS 服务系统称为域名管理系统。由于网站数量众多，用户很难把每个网站的 IP 地址全部记清楚。这时即可使用 DNS 服务系统将网络域名变换为网络可以识别的 IP 地址，用户就可以使用此地址在网上浏览信息。

（7）IPv6。现有的 Internet 是在 IPv4 的基础上运行的。随着 Internet 的迅速发展，IPv4 定义的有限地址空间已于 2011 年 2 月 3 日分配完毕，地址空间的不足必将影响 Internet 的进一步发展。为了扩大地址空间，IP v6 作为下一版本的 Internet 协议被推出，重新定义地址空间。表 3-4 所示为 IPv4 和 IPv6 的对比。

表 3-4 IPv4 和 IPv6 的对比

对比内容	IPv4	IPv6
版本时间	当前版本	下一版本
地址容量	43 亿	无限制
地址长度	32 位	128 位
分隔符	点号	冒号

按保守方法估算 IPv6 实际可分配的地址，整个地球每平方米面积上可分配 1000 多个地址。在 IPv6 的设计过程中除了解决地址短缺问题以外，还考虑了在 IPv4 中解决不好的其他问题。

IPv6 的地址格式与 IPv4 不同。一个 IPv6 的 IP 地址由 8 个地址节组成，每节包含 16 个地址位，以 4 个十六进制数书写，节与节之间用冒号分隔，其书写格式为 x:x:x:x:x:x:x:x，其中每一个 x 代表 4 位十六进制数。

当然，IPv6 并非十全十美，一劳永逸，它不可能解决所有问题。IPv6 只能在发展中不断完善，这种过渡需要时间和成本，但从长远看，IPv6 有利于 Internet 的持续和长久发展。

（8）VLAN，又称虚拟局域网，是与具体地理位置无关的逻辑 LAN，由位于不同的物理局域网段的设备组成。虽然 VLAN 所连接的设备来自不同的网段，但是相互之间可以进行直接通信，好像处于同一网段中一样。VLAN 随交换式 LAN 的发展而提出，交换式 LAN 虽使网络在速度和网络时延方面有了很大的改进，但交换机不能隔离广播，是一个广播域，任何两点通信的广播包会传遍所有点。VLAN 技术可隔离广播，在任何物理网络拓扑结构的基础上，将不同区域的设备连接在一起，建立一个虚拟的独立广播域，即每个 VLAN 构成一个广播域。

VLAN 的实现由 802.1q 协议规定，VLAN 成员的划分可以基于端口、MAC 地址、网络层协议、IP 组播 4 种。

3.4　以太网概述

3.4.1　以太网的起源和发展历史

以太网是现有局域网采用的最通用的通信协议标准，其最初是由 Xerox 公司开发的一种基带局域网技术，使用同轴电缆作为网络介质，采用带冲突检测的载波监听多路访问（Carrier Sense Multiple Access with Collision Detection，CSMA/CD）技术，最初的以太网数码率只有 2.94Mbit/s。1980 年，Digital Equipment Corporation、Intel、Xerox 3 家联合推出 10Mbit/s DIX 以太网标准；1995 年，IEEE 正式通过了 802.3u 快速以太网标准；1998 年，IEEE 802.3z 吉比特以太网标准正式发布；1999 年，发布 IEEE 802.3ab 标准，即 1000Base-T 标准；2002 年 7 月 18 日，IEEE 通过了 802.3ae，即 10Gbit/s 以太网，又称为十吉比特以太网，它包括了 10GBase-R、10GBase-W、10GBase-LX4 这 3 种物理接口标准。2004 年 3 月，IEEE 批准铜缆 10Gbit/s 以太网标准 802.3ak，新标准将作为 10GBase-CX4 实施，提供双轴电缆上的 10Gbit/s 的速率，以太网发展历史如图 3-29 所示。

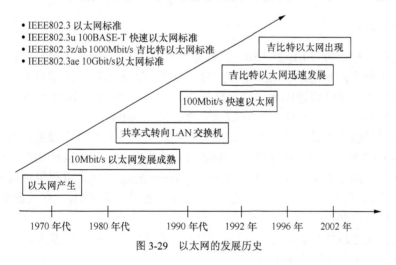

图 3-29　以太网的发展历史

3.4.2　以太网的分类

1. 共享式以太网

早期以太网是共享式的以太网，多采用总线型拓扑结构，用同轴电缆作为传输介质，连接简单，通常在小规模的网络中只需要一个集线器（HUB）即可，共享式以太网使用一种称为抽头的设备建立与同轴电缆的连接，需用特殊的工具在同轴电缆里挖一个小洞，然后将抽头接入，这样做容易使电缆的中心导体与屏蔽层短接，导致这个网络段的崩溃。共享式以太网的常用介质如下。

（1）10Base5，粗同轴电缆（5 代表电缆的长度字段长度是 500m）。

（2）10Base2，细同轴电缆（2 代表电缆的长度字段长度是 200m）。

共享式以太网中，所有的主机都平等地连接到同轴电缆上，所有主机发出的信号都会被其他主机接收，如果主机数目较多，则存在冲突与广播泛滥的严重问题，而且共享式以太网还会存在介质可靠性差与无任何安全性的突出问题。

2. 标准以太网

标准以太网的速率是 10Mbit/s，通常定位在网络的接入层，最大传输距离为 100m，标准以太网通常用于接入层最终用户和接入层交换机之间的连接，一般不适用于汇聚层和核心层。

标准以太网现在使用较多的传输介质是非屏蔽双绞线（Unshielded Twisted Pair，UTP），UTP 目前在以太网中具有压倒性的占有率，其主要优势在于价格低廉，制作简单，物理拓扑为星形。IEEE 802.3 常用的线缆如下。

（1）10Base-5，粗同轴电缆，最大传输距离 500m。

（2）10Base-2，细同轴电缆，最大传输距离 200m。

（3）10Base-T，双绞线，最大传输距离 100m。

（4）10Base-F，光纤，最大传输距离 2000m。

3. 快速以太网

快速以太网的标准为 IEEE 802.3u，其速率能达到 100Mbit/s，为用户提供更高的网络带宽。从标准以太网升级到快速以太网不需要对网络做太大的改动，通常只需将原有的集线器或者以太网交换机升级成快速以太网交换机，用户更换一块 100Mbit/s 的网卡即可，网线等传输介质无需更换。而网络的速度从 10Mbit/s 增加到 100Mbit/s。

快速以太网的应用非常广泛，可以直接用于接入层设备和汇聚层设备之间的连接链路，也可以为高性能的 PC 机和工作站提供 100Mbit/s 的接入。快速以太网的应用中，在接入层和汇聚层之间的链路上通常采用端口汇聚（Port aggregation）技术以提供更高的带宽。快速以太网可以使用现有的 UTP 或者光缆介质。和标准以太网相比，它的数据传输速率由 10Mbit/s 提升到 100Mbit/s。

快速以太网通过端口自适应技术支持标准以太网 10Mbit/s 的工作方式。

快速以太网的采用传输介质如下。

（1）100BaseTX，EIA/TIA 5 类（UTP）非屏蔽双绞线 2 对，最大传输距离 100m。

（2）100BaseT4，EIA/TIA 3、4、5 类（UTP）非屏蔽双绞线 4 对，最大传输距离 100m。

（3）100BaseFX，多模光纤（MMF）线缆，最大传输距离 550m～2km，单模光纤（SMF）线缆，最大传输距离 2km～15km。

4. 吉比特以太网

吉比特以太网在基于以太网协议的基础之上，对 IEEE 802.3 以太网标准进行扩展，将快速以太网的传输速率 100Mbit/s 提高了 10 倍，达到了 1Gbit/s。吉比特以太网的标准为 IEEE 802.3z（光纤与铜缆）和 IEEE 802.3ab（双绞线）。

吉比特以太网可用于交换机之间的连接，现在很多汇聚层、接入层的以太网交换机均提供吉比特接口，彼此之间互联可以组成更大的网络。除此之外，以太网交换机还可以通过吉比特接口实现堆叠功能，通常指一个厂家的交换机通过软硬件的支持，将若干台交换机连接起来作为一个对象加以控制的方式，看起来就像一台交换机的应用模式一样。

某些高性能的 UNIX 或者视频点播服务器很容易具有上百兆的带宽需求，在这种情况下，采用吉比特以太网进行连接是非常好的选择。对于高性能服务器比较集中的场合，通常也会需要使用吉比特以太网交换机进行网络互连。吉比特以太网的数据传输速率是快速以太网的 10 倍，达到 1000Mbit/s。吉比特以太网使用的协议仍遵从许多原始的以太网规范，所以，客户可以应用现有的知识和技术进行安装、管理和维护吉比特以太网。

吉比特以太网一般用于汇聚层，提供接入层和汇聚层设备间的高速连接，也可以在核心层提供汇聚层和高速服务器的高速连接以及核心设备间的高速互联。吉比特以太网使用 1000Base-X 的 8B/10B 编码，可支持以下 3 种传输介质。

（1）光纤（单模和多模），常用直径为 50μm 多模光纤、62.5μm 多模光纤和 9μm 单模光纤，支持的波长有短波（850nm，称为 1000Base-SX）、长波（1310nm，称为 1000Base-LX）。

（2）使用 4 对线的 5 类 UTP（1000Base-T）。

（3）特殊的两对线 STP 电缆，也称为短铜跳线（Short Copper Jumper）。

吉比特以太网的传输介质如表 3-5 所示。

表 3-5　　　　　　　　　　吉比特以太网的传输介质类型表

技　术　标　准	线　缆　类　型	传　输　距　离
1000BaseT	铜质 EIA/TIA 5 类（UTP）非屏蔽双绞线 4 对	100m
1000BaseCX	150Ω铜质屏蔽双绞线	25m
1000BaseSX	直径为 50/62.5um 的多模光纤，使用波长为 850nm 的激光	550m/275m
1000BaseLX	直径为 9um 的单模光纤，使用波长为 1310nm 的激光	2～15km

5. 万兆以太网（10Gbit/s 以太网）

10Gbit/s 以太网标准由 IEEE 802.3 工作组于 2000 年正式制定，10Gbit/s 以太网仍使用与 10Mbit/s 和 100Mbit/s 以太网相同的形式，同样使用 IEEE 802.3 标准的帧格式和流量控制方式。10Gbit/s 以太网的技术标准为 IEEE802.3ae，只有全双工模式，传输介质只能为光纤。

3.4.3　以太网的应用

最初的以太网设计目标是把一些计算机联系起来进行文件共享和传输。到目前为止，以太网仍然较多地应用于计算机网络互联，但已经不再局限于这个领域，在其他一些领域，以太网也大显身手，表现不俗。下面是以太网的主要应用领域。

（1）计算机局域网：这是以太网技术的主要应用，也是最成熟的应用。许多计算机通过以太网连接起来，互相访问共享的文件和资源。随着应用的发展，逐渐发展成客户机/服务器结构，网络上的大部分流量都在客户机跟服务器之间进行。通常是把服务器连接到以太网

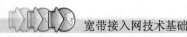

交换机的一个高速端口（100Mbit/s）上，把其他客户机连接到以太网交换机的低速端口上，客户机通过以太网访问高速的服务器设备。

（2）高速网络设备之间互连：随着 Internet 的不断发展，一些传统的网络设备（如路由器、网关、交换机）之间的带宽已经不能满足要求，需要更高效的互连技术来连接这些网络设备，吉比特或 10Gbit/s 以太网成了首选的技术。

（3）用户接入手段：用户通过以太网技术接入城域网，实现上网、文件下载、视频点播等业务，已经变得越来越流行。之所以用以太网作为城域网的接入手段，是因为现在的计算机都支持以太网卡，这样对用户来说，不用更改任何软件和硬件配置就可以正常上网。

可以看出，以太网技术已经覆盖了网络的各个方面，从骨干网到接入网，从汇聚层到用户终端，到处都可以见到以太网的影子。

3.5　以太网接入技术组网案例分析

3.5.1　IP 网络结构

IP 网络可以分成骨干网络和本地网络，骨干网络根据网络规模和覆盖面可分为：国家级骨干网络、省级骨干网络、城域网。城域网分为：核心层、汇聚层和接入层 3 个层次。如图 3-30 所示，IP 城域网一般分为骨干核心层、汇聚层和用户接入层。骨干核心层主要由一些核心路由器组成，路由器之间通过高速传输链路相连，通过骨干核心层连接到不同的全国性骨干网络。汇聚层介于接入层和核心层之间，主要由三层交换机、BAS（宽带接入服务器）和接入路由器等组成，用于汇聚接入层的不同业务流。用户接入层则是最靠近用户端的网络，通过不同的接入手段（铜线、光纤、无线等）接入到不同类型的用户端，提供宽带、语音、视频、专线等业务的接入。

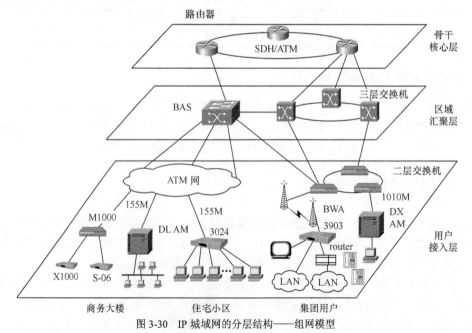

图 3-30　IP 城域网的分层结构——组网模型

3.5.2　宽带接入组网结构

图 3-31 所示为一个典型的宽带接入的组网结构，整个城域网可以分为核心层、汇聚层、接入层和用户端，核心层采用 IP 组网方式，由一些核心路由器组成网状网络，汇聚层主要是 UAS（用户代理服务器）设备，也可由接入路由器和三层交换机等组成，接入层根据接入方式的不同，可采用 DSL 或 LAN 接入的方式，通过双绞线或五类线接入到用户驻地网（CPN）。

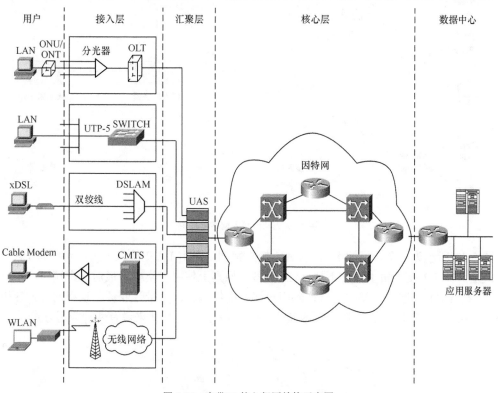

图 3-31　宽带 IP 接入组网结构示意图

3.5.3　以太网技术的典型组网应用

图 3-32 所示为一个典型的以太网技术接入网络，核心层由核心路由器组成，汇聚层主要的设备有接入服务器（BAS）和认证服务器（RADIUS）等，接入层通过交换机（Switch）逐级连接，通过五类线连接到用户端的 PC，可以实现各种类型的业务，如宽带上网、企业专线、视频点播和 VPN 等。

3.5.4　FTTx+LAN 接入案例

FTTx+LAN 是一种利用光纤加五类网络线方式实现宽带接入的模式，FTTx 一般是指 FTTC（光纤到路边）、FTTB（光纤到大楼）或 FTTZ（光纤到小区）。FTTx+LAN 方式能实现吉比特光纤到小区（大楼）中心交换机，中心交换机和楼道交换机以百兆光纤或五类网络线相连，楼道内采用综合布线，用户上网速率可达 10Mbit/s，网络可扩展性强，投资规模

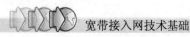

小。另有光纤到办公室、光纤到户、光纤到桌面等多种补充接入方式满足不同用户的需求。FTTx+LAN 方式采用星型网络拓扑，用户共享接入交换机的带宽。

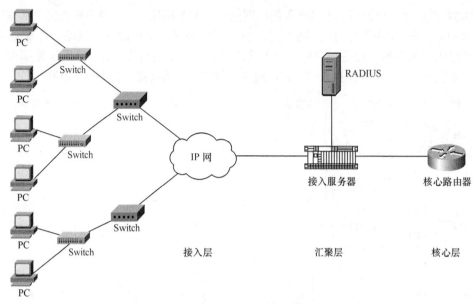

图 3-32　LAN 接入网络示意图

图 3-33 所示为一个典型的 FTTx+LAN 接入案例，采用 LAN 接入方式，对原有 LAN 小区进行改造，在 L2 交换机上直接下挂 IAD 设备，原则上使用交换机的最后一个端口。也可以在 ONU 下挂 IAD 或通过五类线直接连到用户端，提供语音、宽带等业务。该组网方式应用于住宅小区，原来的 ADSL 用户可以全部改装成 LAN 接入方式。具体来说有两种应用方式。

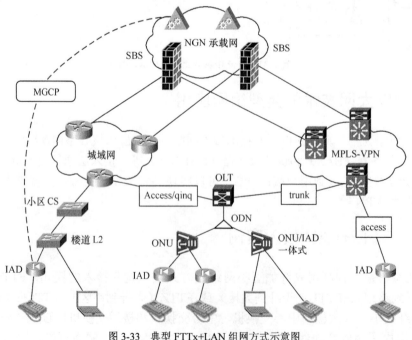

图 3-33　典型 FTTx+LAN 组网方式示意图

（1）OLT → ODN → ONU → N 个 IAD：ONU 下挂 N 个 IAD，ONU 的数据在 OLT 上制作；IAD 需要配置，本方式可应用于商业楼宇或纯语音需求的场所。

（2）OLT→ODN→ONU（OUN+IAD 一体式）：数据集中在 OLT 上制作，应用于住宅小区或有数据和语音双重需求的场所。

图 3-34 所示为 ONU+IAD 一体化的楼道箱示意图，图中的 ONU 设备同时提供语音（固话）和宽带接口，上联的光纤接口通过尾纤和进入融纤盒的光缆进行热熔。下行的宽带端口配线到宽带业务配线架，固话业务接口通过电缆线引到固话业务配线架，在箱体中还需提供交流电源和箱体接地装置，下面的缆线入口在完工后需进行封堵。

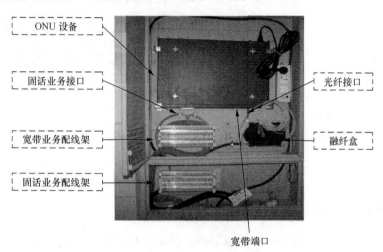

图 3-34　ONU+IAD 一体化的楼道箱示意图

3.5.5　以太网局域网接入方式的设置

1．静态 IP 地址设置

静态 IP 地址是由 ISP 分配固定的 IP 地址。配置的 IP 信息包括：IP 地址、子网掩码、网关、DNS 等。例如，某运营商使用的 DNS 为：主用 61.233.54.9，备用 61.233.154.9。静态 IP 地址通常应用于网吧专线接入或单位的专线接入，如图 3-35 所示。

2．PPPoE 协议和拨号方式

PPPoE（Point to Point Protocol over Ethernet）是基于以太网的点对点协议。PPPoE 协议的基本原理将在第 7 章给大家介绍，现在我们先认识 PPPoE 的应用。PPPoE 协议多用于 LAN 用户拨号和 xDSL 用户拨号等接入方式。

PPPoE 方式是基于账号、密码的认证方式。由 RADIUS 和 BRAS 完成用户 IP 地址的分配和速率的分配。用户获取 IP 地址上网后，RADIUS 进行计时。PPPoE 拨号过程通常是用户先发起 PPPoE 请求，BRAS 响应并终结

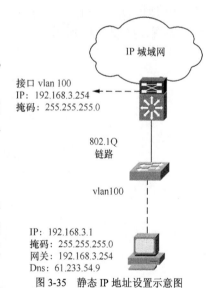

图 3-35　静态 IP 地址设置示意图

PPPoE，然后与 RADIUS 服务器配合完成 PPPoE 的账号密码的验证处理。通过验证后，RADIUS 服务器将用户速率信息下发给 BRAS，由 BRAS 分配 IP 地址，并进行速率控制。用户获取合法的 IP 地址，可以访问 Internet，则 RADIUS 开始计时收费，如图 3-36 所示。

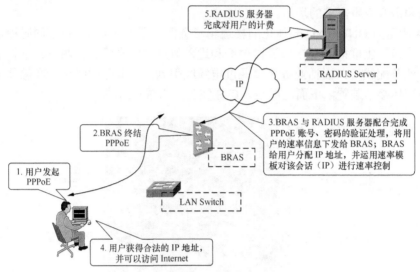

图 3-36　PPPoE 拨号流程图

3. 动态 IP 地址和 DHCP

　　动态主机配置协议（Dynamic Host Config Protocol，DHCP）可以使计算机自动获取 IP 地址。DHCP 协议通常采用 Client/Server 方式实现，所有配置信息在 Server 集中。DHCP 是基于 UDP 层之上的应用，DHCP Client 采用端口号 68，DHCP Server 采用端口号 67。DHCP Server 可以为 DHCP Client 客户端提供临时的 IP 地址、默认网关、DNS 服务器等网络配置。IP 地址有使用租期，一般为 24 小时。DHCP 广泛应用于局域网和高校宿舍区网络的 IP 地址设置，如图 3-37 所示。

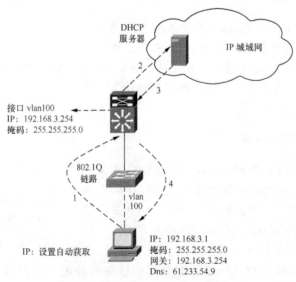

图 3-37　通过 DHCP 获取 IP 地址示意图

3.6　总结

（1）本章首先介绍了一些 IP 网络相关的基础知识和概念，包括计算机网络的定义、基本功能和分类、OSI 7 层参考模型、TCP/IP 参考模型等知识，然后对以太网技术作了介绍，并引入了一些以太网局域网接入的案例和接入方式的设置等内容。

（2）构成一个计算机网络必须具备以下 3 个基本要素：首先，至少有两台具有独立操作系统的计算机，且它们之间有相互共享某种资源的需求；其次，两台独立的计算机之间必须用某种通信手段将其连接；最后，网络中的各台独立的计算机之间要能相互通信，必须制定相互可确认的规范标准或协议。计算机网络按照网络作用范围划分，可分为局域网、城域网和广域网 3 种。

（3）OSI 参考模型是一种框架性的设计方法，它把计算机网络协议从逻辑上分为了 7 层。每一层都有相关、相对应的物理设备，比如常规的路由器是三层交换设备，常规的交换机是二层交换设备。

（4）TCP/IP 协议代表了以 TCP 和 IP 为基础的协议集，其目的是屏蔽各种网络互连的细节、解决异种网络的互连问题，因此，TCP/IP 协议是 Internet 最基本、最核心的协议。使用 TCP/IP 的网络统称为 IP 网络。

（5）计算机网络为了实现各主机间的通信，每台主机都必须有一个唯一的网络地址，网络地址可有两种表示：IP 地址和域名。IP 地址有静态和动态两种获取方式。IPv4 地址长度为 32 位，分为 A、B、C、D、E 5 大类，也可采用无分类编址；IPv6 地址长度扩展为 128 位。

（6）以太网是目前应用最为广泛的局域网，包括共享式以太网、标准以太网（10Mbit/s）、快速以太网（100Mbit/s）、吉比特以太网和万兆（10Gbit/s）以太网。

3.7　思考题

3-1　简述计算机网络的定义。

3-2　OSI 参考模型可以分为哪 7 层，并简述每层的主要功能。

3-3　TCP/IP 参考模型可以分为哪 4 层，并简述每层的主要功能。

3-4　10Base-5、10Base-2、10Base-T、100Base-TX、100Base-FX、1000Base-SX 分别采用的是什么传输介质？它们的传输速率分别是多少？

3-5　以太网的分类有哪些？

3-6　吉比特以太网支持的传输介质有哪些？

3-7　简述 PPPoE 拨号上网的过程。

3-8　IP 地址的设置一般需要包含哪些信息？

第 4 章

计算机网络常用命令的实训

4.1 实训目的

- 掌握 PC 机 IP 地址和子网掩码的设置。
- 掌握计算机网络常用命令的功能。
- 掌握计算机网络常用命令的使用方法。
- 理解计算机网络常用命令各主要参数的含义。

4.2 实训规划（组网、数据）

4.2.1 组网规划

计算机网络实训组网如图 4-1 所示。

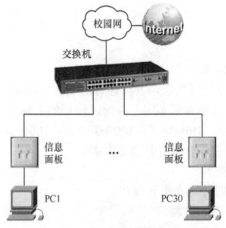

图 4-1　计算机网络实训组网图

组网说明：

本实训平台配有一台二层以太网交换机，30 台实训 PC 通过五类线与以太网交换机相连，以太网交换机上联口接入校园网，通过校园网与 Internet 互连。

4.2.2　数据规划

以第 1 台 PC 和第 30 台 PC 为例，其数据规划如表 4-1 所示。

表 4-1　　　　　　　　　　　计算机网络实训数据规划表

配　置　项	PC1	PC30
IP 地址	192.168.1.1	192.168.1.30
子网掩码	255.255.255.0	255.255.255.0
默认网关	192.168.1.1	192.168.1.1
DNS 服务器	218.85.157.99	218.85.157.99

4.3　实训原理——计算机网络常用命令介绍

在计算机网络中经常要对网络进行管理、测试，这时就要用到网络命令。常用的命令有：ping 命令、ipconfig 命令、netstat 命令、tracert 命令、telnet 命令，下面分别对这些常用命令进行介绍。

1．Ping 命令

Ping 是测试网络连接状况以及信息包发送和接收状况非常有用的工具，是网络测试最常用的命令。Ping 向目标主机（地址）发送一个回送请求数据包，要求目标主机收到请求后给予答复，从而判断网络的响应时间和本机是否与目标主机（地址）连通。

如果执行 Ping 不成功，则可以预测故障出现在以下几个方面：网线故障，网络适配器配置不正确，IP 地址不正确。如果执行 Ping 成功而网络仍无法使用，那么问题很可能出在网络系统的软件配置方面，Ping 成功只能保证本机与目标主机间存在一条连通的物理路径。

（1）命令格式

ping IP 地址或主机名 [-t] [-n count] [-l size]

例如，ping www.163.com 运行结果如图 4-2 所示。

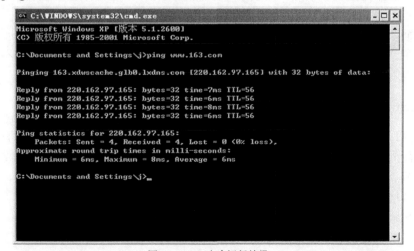

图 4-2　ping 命令运行结果

（2）常用参数含义

-t 不停地向目标主机发送数据。

-n count 指定要 Ping 多少次，具体次数由 count 来指定。

-l size 指定发送到目标主机的数据包的大小。

（3）通过 Ping 命令检测网络故障的典型次序

正常情况下，当我们使用 Ping 命令来查找问题所在或检验网络运行情况时，需要使用许多 Ping 命令。如果所有都运行正确，就可以相信基本的连通性和配置参数没有问题；如果某些 Ping 命令出现运行故障，它可以指明到何处去查找问题。下面就给出一个典型的检测次序及对应的可能故障。

① **ping 127.0.0.1**。这个 ping 命令被送到本地计算机的 IP 软件，该命令应正确执行。如果没有正确应答，就表示 TCP/IP 的安装或运行存在某些最基本的错误。

② **ping 本机 IP**。这个命令送到本机配置的 IP 地址，本机始终都应该对该 ping 命令做出应答，如果没有，则表示本地配置或安装存在问题。出现此问题时，局域网用户请断开网络电缆，然后重新发送该命令。如果网线断开后本命令正确，则表示另一台计算机可能配置了相同的 IP 地址。

③ **ping 局域网内其他 IP**。这个命令经过计算机网卡及网络电缆到达其他计算机，再返回应答。收到回送应答表明本地网络中的网卡和通信载体运行正确。但如果收到 0 个回送应答，那么表示子网掩码（进行子网分割时，将 IP 地址的网络部分与主机部分分开的代码）不正确、网卡配置错误或电缆系统有问题。

④ **ping 网关 IP**。这个命令如果应答正确，表示局域网中的网关路由器正在运行并能够做出应答。

⑤ **ping 远程 IP**。如果收到 4 个正确应答，表示成功地设置了缺省网关。

⑥ **ping localhost**。localhost 是一个操作系统的网络保留名，它是 127.0.0.1 的别名，每台计算机都应该能够将该名字转换成该 IP 地址。如果没有做到这一转换，则表示主机文件（/Windows/host）中存在问题。

⑦ **ping www.xxx.com（如 www.sina.com）**。对域名执行 ping 命令，通常要通过 DNS 服务器完成，如果这里出现故障，则表示 DNS 服务器的 IP 地址配置不正确或 DNS 服务器有故障。

如果上面所列出的所有 ping 命令都能正常运行，那么计算机进行本地和远程通信的功能基本上都正常。但是，这些命令的成功并不表示所有的网络配置都没有问题，例如，某些子网掩码错误就可能无法用这些方法检测到。

2. Tracert 命令

Tracert 命令用来显示数据包到达目标主机所经过的路径，并显示到达每个节点的时间。命令功能同 Ping 类似，但它所获得的信息要比 Ping 命令详细得多，它把数据包所走的全部路径、节点的 IP 以及花费的时间都显示出来。该命令比较适用于大型网络。

（1）命令格式

tracert IP 地址或主机名 [-d][-h maximumhops][-j host_list] [-w timeout]

如想要了解自己的计算机与目标主机 www.163.com 之间详细的传输路径信息，则可以在 MS-DOS 方式下输入 tracert www.163.com 命令，运行结果如图 4-3 所示。

```
C:\WINDOWS\system32\cmd.exe                                          _ □ ×
C:\Documents and Settings\j>
C:\Documents and Settings\j>tracert www.163.com

Tracing route to 163.xdwscache.glb0.lxdns.com [220.162.97.165]
over a maximum of 30 hops:

  1    <1 ms     <1 ms     <1 ms   aia-134-130-191-200.nn.rwth-aachen.de [134.130.1
91.200]
  2    <1 ms     <1 ms     <1 ms   172.16.1.1
  3    10 ms      1 ms      3 ms   218.5.5.254
  4     4 ms      2 ms      6 ms   202.109.204.97
  5     *         *        12 ms   61.131.9.81
  6    12 ms     11 ms     10 ms   218.5.115.66
  7     9 ms     13 ms      9 ms   218.5.118.54
  8    58 ms     13 ms     10 ms   110.81.152.122
  9    11 ms      7 ms     12 ms   220.162.97.165

Trace complete.

C:\Documents and Settings\j>
```

图 4-3　tracert 命令运行结果

（2）参数含义

-d 不解析目标主机的名字。

-h maximum_hops 指定搜索到目标地址的最大跳跃数。

-j host_list 按照主机列表中的地址释放源路由。

-w timeout 指定超时时间间隔，程序默认的时间单位是毫秒。

3．Netstat 命令

Netstat 命令可以帮助网络管理员了解网络的整体使用情况。它可以显示当前正在活动的网络连接的详细信息，例如，显示网络连接、路由表和网络接口信息，可以统计目前总共有哪些网络连接正在运行。

利用命令参数，命令可以显示所有协议的使用状态，这些协议包括 TCP 协议、UDP 协议以及 IP 协议等，另外还可以选择特定的协议并查看其具体信息，还能显示所有主机的端口号以及当前主机的详细路由信息。

（1）命令格式

netstat [-a] [-b] [-e] [-n] [-o] [-p proto] [-r] [-s] [interval]

（2）参数含义

-a 显示所有连接和侦听端口。

-b 显示在创建每个连接或侦听端口时涉及的可执行程序。在某些情况下，已知可执行程序承载多个独立的组件，这些情况下，显示创建连接或侦听端口时涉及的组件序列。此情况下，可执行程序的名称位于底部[]中，它调用的组件位于顶部，直至达到 TCP/IP。注意，此选项可能很耗时，并且在您没有足够权限时可能失败。

-e 显示以太网统计。此选项可以与 -s 选项结合使用。

-n 以数字形式显示地址和端口号。

-o 显示拥有的与每个连接关联的进程 ID。

-p proto 显示 proto 指定的协议的连接，proto 可以是下列任何一个，TCP、UDP、

TCPv6 或 UDPv6。如果与 -s 选项一起用来显示每个协议的统计，proto 可以是下列任何一个，IP、IPv6、ICMP、ICMPv6、TCP、TCPv6、UDP 或 UDPv6。

-r   显示路由表。

-s   显示每个协议的统计。默认情况下，显示 IP、IPv6、ICMP、ICMPv6、TCP、TCPv6、UDP 和 UDPv6 的统计；-p 选项可用于指定默认的子网。

interval   重新显示选定的统计，各个显示间暂停的间隔秒数。

按 Ctrl+C 组合键停止重新显示统计。如果省略，则 netstat 将打印当前的配置信息一次。

4. IPCONFIG 命令

利用 IPCONFIG 命令显示所有当前的 TCP/IP 网络配置值，刷新动态主机配置协议（DHCP）和域名系统（DNS）设置。使用不带参数的 IPCONFIG 显示所有适配器的 IP 地址、子网掩码、默认网关。

（1）命令格式

ipconfig[/all][/batch file][/renew all][/release all][/renew n][/release n]

（2）参数含义

/?   显示帮助信息。

/all   显示现时所有网络连接的设置。

/release   释放某一个网络上的 IP 位置。

/renew   更新某一个网络上的 IP 位置。

/flushdns   把 DNS 解析器的暂存内容全数删除。

5. telnet 命令

远程登录（Telnet）是 Internet 的一种特殊服务，它是指用户使用 Telnet 命令，通过网络登录到远在异地的主机系统，把用户正在使用的终端或主机虚拟成远程主机的仿真终端，仿真终端等效于一台非智能的机器，它只负责把用户输入的每个字符传递给主机，再将主机输出的每个信息回显在屏幕上，从而使用户可以像使用本地资源一样使用远程主机上的资源。提供远程登录服务的主机一般都位于异地，但使用起来就像在身旁一样方便。为了通过 telnet 登录到远程计算机上，必须知道远程机上的合法用户名和口令。

命令格式为：telnet 主机名/IP 地址。其中"主机名/IP 地址"是要连接的远程机的主机名或 IP 地址，一旦 telnet 成功地连接到远程系统上，就显示登录信息并提示用户输入用户名和口令。如果用户名和口令输入正确，就能成功登录并在远程系统上工作。在 telnet 提示符后面可以输入很多命令，用来控制 telnet 会话过程，在 telnet 联机帮助手册中对这些命令有详细的说明。

4.4 实训步骤与记录

步骤 1：PC IP 地址和子网掩码的设置。

① 查找 IP 地址。IP 地址的设置是在计算机的"网上邻居"里面。用鼠标右键单击"网上邻居"图标。

② 在弹出的快捷菜单中选择"属性"命令，打开"网络连接"窗口，如图 4-4 所示。

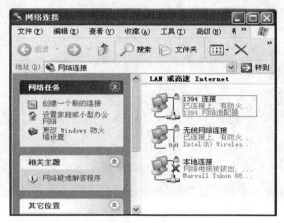

图 4-4　"网络连接"窗口

③ 再用鼠标右键单击"本地连接"图标，在弹出的快捷菜单中选择"属性"命令，弹出"本地连接属性"对话框，如图 4-5 所示。

④ 选择"常规"选项卡，在文本列表中勾选"Internet 协议（TCP/IP）"复选框，再单击 属性(R) 按钮，会弹出如图 4-6 所示的"Internet 协议（TCP/IP）属性"对话框。

图 4-5　"本地连接 属性"对话框

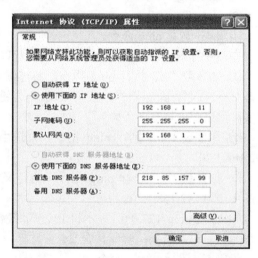

图 4-6　"Internet 协议（TCP/IP）属性"对话框

在"常规"选项卡中单击"自动获得 IP 地址"和"使用下面的 IP 地址"单选按钮后，即可按实训数据规划表对 PC 机 IP 地址和子网掩码进行设置。

步骤 2：进入命令行模式。

① 进入 Windows XP 后，单击"开始"→"运行"，在运行对话框中输入"cmd"后，按回车键，如图 4-7 所示。

② 在打开的命令行窗口中可以输入各种命令行命令，如图 4-8 所示。

图 4-7　运行窗口输入 CMD 命令

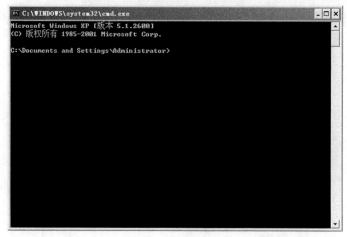

图 4-8　命令行窗口

步骤 3：运行 Ipconfig 命令。

在命令行窗口中运行该命令，分别执行以下操作命令，并记录主机名、DNS 服务器、网卡信息、主机物理地址、IP 地址、子网掩码以及默认网关等 TCP/IP 网络配置值。

① ipconfig。

② ipconfig　/?　。

③ ipconfig　/all。

步骤 4：运行 ping 命令。

在命令行窗口中运行该命令，分别执行以下操作命令。

① 加参数"-t"执行 ping 指令，将连续 ping 指定主机，再按 Ctrl+Break 组合键将显示状态并继续执行 ping 操作，按 Ctrl+C 组合键将停止。例如，ping 192.168.1.20 –t，IP 地址按实际网络配置填写（下同）。

② 加参数"-n"执行 ping 指令，发送由 count 指定数量的数据包。例如，ping　-n　6　192.168.1.20。

③ 加参数"-l"执行 ping 指令，自定义发送数据包大小，取值范围 0～65500。例如，ping -l 3000 192.168.1.20。

④ 分别 ping 127.0.0.1、本机 IP、局域网内其他 PC 的 IP、网关 IP、远程 IP、本机名、远程域名。记录结果，解释其含义。

步骤 5：运行 netstat 命令。

在命令行窗口中运行该命令，分别执行以下操作命令。

（1）netstat 记录显示结果，解释其含义。

（2）netstat　/? 学会查看使用命令参数。

（3）用浏览器打开一个网站，并且通过 netstat 找到本机与该网站交互的 TCP 连接（提示，可以先通过 PING 命令找到域名对应的 IP 地址，然后通过地址在 netstat 显示的列表中寻找对应的连接）。

步骤 6：运行 tracert 命令。

在命令行窗口中运行该命令，执行 tracert　www.sina.com.cn 命令，记录屏幕信息，并分析经过了几级路由，经过的网关地址和其他哪些地址。

4.5　总结

（1）通过本次实训，认识了 IP 地址设置是计算机连网非常关键的一步，IP 地址和子网掩码设置不好，数据就无法识别用户的计算机，因而也就不能发送数据。

（2）熟悉了计算机网络维护与管理中常用的一些工具命令及功能，并能利用这些命令进行简单网络故障的诊断和网络运行状况的分析，从而掌握了一定的计算机网络应用的技能。

4.6　思考题

4-1　写出测试网络路径的具体方法。

4-2　写出测试 IP 网络连通性的方法。

4-3　写出查看本机 TCP/IP 相关参数值的方法。

4-4　简述 IP 地址设置的步骤。

第三部分

ADSL 实训

第 5 章

ADSL 实训预备知识

ADSL 作为宽带接入的主要技术之一，本章主要介绍了 ADSL 技术的相关概念和技术、华为公司的 ADSL 产品以及宽带接入网认证设备——XF-BAS 等相关知识，为后续的 ADSL 实训做个知识铺垫。

5.1 ADSL 技术简介

5.1.1 xDSL 技术

数字用户线路（Digital Subscriber Line，DSL）是利用现有电话铜线进行数据传输的宽带接入技术。DSL 工作频段大多高于话带。它采用先进的 DSP 技术和调制解调技术，实现电话铜线上的高速数据传输。ADSL 只是 DSL 家族的一员，DSL 的家族成员还包括：HDSL、SDSL、VDSL 和 RADSL 等，一般称之为 xDSL。它们的区别主要表现在速率、传输距离、编码技术、上下行速率的对称性等方面。

1. xDSL 的接入结构

xDSL 的接入结构如图 5-1 所示，它由局端设备和远端设备（用户端设备）组成，远端设备与局端设备之间通过电话铜线传输信息。具体的 DSL 接入结构会有所差别。

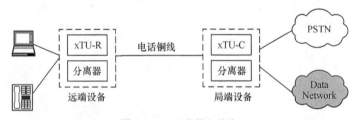

图 5-1　xDSL 的接入结构

2. 引起线路传输损伤的主要因素

DSL 以铜线作为传输介质，自然会受到铜线本身传输特性的影响。在信号传输过程中，当信号衰落到小于噪声功率时，接收机就不能准确地检测到原始信号。那么造成信号衰减的因素有哪些？噪声的来源又有哪些呢？针对 DSL 的信号环境，下面主要从铜线传输损耗、噪声及混合线圈与回波等方面进行分析。

（1）传输损耗

传输损耗与距离、线径、频率有关。

与所有传输介质相同，信号在铜线上传送时会随线缆长度的增加而不断衰减。在一条长距离的环路上，总的衰减可达 60～70dB。影响信号损耗的因素除了用户环路长度之外，还有双绞线芯径（主要在低频段）、信号的电磁频率及桥接抽头（表出振荡行为）。

（2）噪声

噪声的来源主要有：白噪声、射频干扰、脉冲干扰、串扰。

① 白噪声：白噪声是线路中电子运动产生的固有噪声，在线路中总是存在的。

② 射频（RF）干扰：由于电话线是铜质线，对于无线射频信号，其作用相当于一根接收天线。特别是在高频段，电话线与地之间的平衡作用随频率增加而减小，所以高速的 DSL 系统易受到射频噪声影响。

③ 脉冲干扰：瞬间突发电磁干扰（如空中闪电等）会产生脉冲式噪声。

④ 串扰：串扰是同一扎内或相邻扎线之间的干扰。尽管在直流特性上，线对之间具有良好的绝缘特性，但在高频段，由于存在电容和电导耦合效应，线对间均存在不同程度的串扰。

（3）信号反射（混合线圈和回波）

传统电话通信中，要用混合线圈连接电话机的话筒和听筒。当混合线圈与用户环路的阻抗不匹配时，会引起信号反射，导致回波产生。

5.1.2　ADSL 技术

1. ADSL 的概念、技术标准及发展

（1）ADSL 的概念

非对称数字用户线路（Asymmetric Digital Subscriber Line，ADSL）的概念于 1989 年提出，1998 年开始广泛用于互联网接入。ADSL 是 xDSL 家族中的重要成员，是近些年来发展和应用最快的接入技术之一。

ADSL 技术可实现在一对普通电话双绞线上同时传送高速数据业务和话音业务，两种业务相互独立、互不影响。它的数据业务速率最高下行达 8Mbit/s，最高上行速率达 1Mbit/s。ADSL 的传输距离最大可达 4～5km。

（2）ADSL 的技术标准及发展

ITU-T 颁布了一系列关于 ADSL 的建议，主要包括以下两点。

① 第一代 ADSL 技术。

- G.992.1-1999，也称 G.dmt 规范，定义 ADSL 收发器。
- G.992.2-1999，也称 G.lite 规范，定义无分离器 ADSL 收发器。

② 第二代 ADSL 技术。

- G.992.3-2002，也称 ADSL2，定义了 ADSL2 收发器。
- G.992.4-2002，定义了无分离器的 ADSL2 收发器。
- G.992.5-2003，也称 ADSL2$^+$，定义了增强功能的 ADSL2 收发器。

2. ADSL 接入原理

ADSL 接入系统包括局端接入设备和用户端接入设备，图 5-2 所示为 G.992.1 规范定义的 ADSL 系统参考模型。图中，ADSL 局端传输单元（ADSL transmission unit-CO side，ATU-C）和 ADSL 远端传输单元（ADSL transmission unit-remote side，ATU-R）都属于 ADSL Modem 设备，只不过一个设置在局端，另一个设置在用户端。ADSLAM（ADSL accessmultiplexer）是 ADSL 接入复用器，相当于多个 ATU-C。

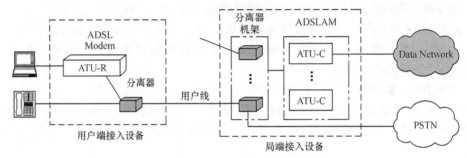

图 5-2　ADSL 系统参考模型

在 ATU-C 和 ATU-R 之间一般采用 ATM 方式进行数据传输，即局端到用户端之间在 ADSL 链路上承载并转移的数据单元格式为 ATM 信元。

（1）用户端接入设备

① ADSL Modem：对数据信号进行调制 / 解调，实现 ADSL 数据的正确收发。

② 分离器：由低通滤波器和高通滤波器组成，实现 POTS 与 ADSL 数据业务的分离。

（2）局端接入设备

① 分离器机架：由多个分离器构成，实现将分离后的话音接入程控交换机，将分离后数据接入 ADSLAM。

② ADSLAM：实现各路 ADSL 数据的复用和解复用。有些 DSLAM 具有局部管理和网关的功能。

分离器可与 ATU-R/ATU-C 独立，也可内置其中。独立的分离器需提供 3 个接口：一个接口连接用户与局端之间的电话线，另外两个接口分别用于连接 ADSL Modem 和传统语音设备（电话机或程控交换机）。

在 G.992.2 规范中，只在局端有 POTS 分离器，在用户端取消了分离器。G.992.2 是 G.992.1 标准的简化版，它的速率相对要低一些，下行速率/上行速率为 1.5Mbit/s/512Kbit/s。

3. ADSL 的重要概念（包括频谱划分、DMT 调制技术、速率调整方式、信道类型）

（1）ADSL 的频谱划分

ADSL 的工作频率范围是 0～1104kHz。ADSL 采用 FDM（频分复用）技术为用户提供了 3 个信道：语音信道、上行数据信道和下行数据信道，以实现语音、数据信号相互独立传输，互不影响。采用 DMT 调制方式的 ADSL 频谱划分如图 5-3 所示。0～4kHz 留给普通电话信号使用，30kHz～138kHz 的频段用作上行信号使用，140kHz～1.104MHz 频段供下行信号使用。

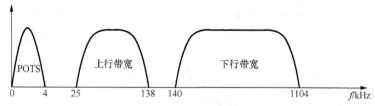

图 5-3　ADSL 的频谱划分

上下行信道的速率是不同的，ADSL 中的"非对称性"指的就是这一点。一般而言，下行速率可达 1.5～8Mbit/s，上行速率则在 640kbit/s 左右。实际使用中，ADSL 速率主要取决于线路的距离，线路越长，速率越低，也和线径、桥接抽头、环境噪声等有关。

（2）DMT 调制技术

ADSL 常用的调制技术有正交幅度调制（Quadrature Amplitude Modulation，QAM）、无载波幅相调制（Carrierless Amplitude-Phase Modulation，CAP）和离散多音频调制（Discrete Multitone Modulation，DMT）。ITU-T 的 G.992.1 标准采用 DMT 调制技术。下面对 DMT 调制技术做简要阐述。

DMT 将 0Hz～1.104MHz 的频带划分为 256 个独立的子信道，每个子信道的带宽为 4.3125kHz，每个子载波上采用 QAM 调制，如图 5-4 所示。

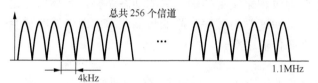

图 5-4　DMT 调制

DMT 理论上可以每赫兹传送 15bit（位）数据。由于电话铜线的质量问题以及外界环境干扰的存在，在不同时刻对不同频率上的信号有不同影响。DMT 调制系统可根据探测到的各子信道的瞬时衰减特性、群时延特性和噪声特性决定这 256 个子信道的传输速率，调整在每个子信道上所调制的比特数，以避开那些噪声太大或损伤太大的子信道，从而实现可靠的通信。一般，子信道的信噪比越大，该信道调制的比特数越多。在性能优良的中间频率子信道一般调制能力均大于每赫兹 10bit，而在低频率或高频率的子信道调制能力降低，最低为每赫兹 2bit。不能传输数据的信道将被关闭。

当然，DMT 在避开干扰的同时，也牺牲了有效带宽，不过就可靠性而言，这是值得的。图 5-5 所示为在 DMT 调制时，根据信道衰减程度及噪声干扰，对各子信道进行比特分配的示意图。

（3）速率调整方式

DMT 如何为各子信道动态分配比特数呢？下面将简述 ADSL 的两种速度调整方式。

① 初始化速率调整。启动初始化阶段，通过收发器训练和信道分析过程，测量各子信道的信噪比，确定各个子信道所调制的比特数、相对功率电平等传输参数，以保证各子信道传输容量和可靠性最优。在通信过程中，将保持恒定速率。如果线路特性发生了变化，为提高系统的可靠性，需要重新进行同步。在通信过程中的这种速率调整方式可能会导致用户的频繁掉线。

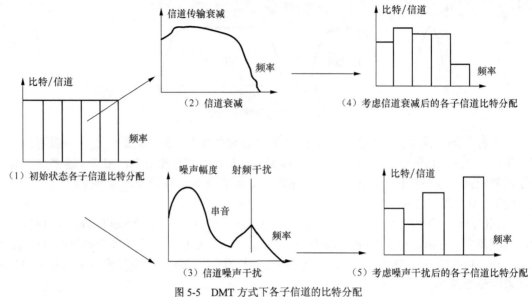

图 5-5　DMT 方式下各子信道的比特分配

② 快速学习过程。在传输过程中当线路质量改变达到一定程度时，为了不使用户的通信中断，可通过快速学习过程来实现传输速率的动态调整。具体做法是：当线路质量降低到一定的程度时，马上启动快速学习程序，降低传输速率；而当线路质量提高到一定程度时，启动快速学习程序，提高传输速率。

（4）信道类型

ADSL 为用户提供两类传输通道：交织信道和快速信道。

交织信道对数据进行交织处理，通过将坏的子信道离散开来，重新计算信道，重新排序，提高了抗突发差错的能力，但交织的过程会带来一定的时延。它适合于传输时延不敏感但可靠性要求高的业务，如数据传输。

快速信道不对数据进行交织处理，其时延较小，适合传输实时性要求高、可靠性要求较低的业务，如视频、语音等。

5.1.3　ADSL2、ADSL2⁺、VDSL 技术简介

1. ADSL2 简介

ADSL2（G.992.3-2002）的频谱与第一代 ADSL 相同。和第一代 ADSL 相比，ADSL2 的新特性、新功能主要体现在速率、距离、稳定性、功率控制、维护管理等方面的改进。

（1）速率与距离的提高

理论上 ADSL2 最高下行速率可达 12Mbit/s，最高上行速率 1.2Mbit/s 左右，传输距离接近 7 千米。其主要采取了以下一些技术。

① 针对长距离通信，增加了 Annex L 技术。Annex L 是 ADSL2 提高传输距离的最重要手段。在长距离情况下，高频段衰减很大，信道的承载能力很差。Annex L 技术对 ADSL 的发送功率分配进行优化，将属于高频段的一部分子信道关闭，并将低频段的发送功率谱密度提高。

② 支持子信道 1bit 编码。在 ADSL 标准中，每个子信道最少需要分配 2bit。在 ADSL2 标准中，允许质量较差的子信道在只能分配 1bit 的情况下，依然可以承载数据。这在长距离速率较低的情况下对性能的提升还是很可观的。

③ 减少了帧开销。在 G.992.1 中，ADSL 帧的开销固定；在 ADSL2 标准中，开销可配置，从而提高了信息净负荷的传输效率。

④ 优化了 ADSL 帧的 RS 编码结构，其灵活性、可编程性也大大提高。

（2）增强的功率管理

第一代 ADSL 传送器在没有数据传送时，也处于全能量工作模式。为了降低系统的功率，ADSL2 定义了 3 种功率模式。

① L0：正常工作下的满功率模式，用于高速率连接。

② L2：低功耗模式，用于低速率连接。

③ L3：休眠模式（空闲模式），用于间断离线。

其中 L2 模式能够通过 ATU-C 依照 ADSL 链路上的流量快速进入或退出低功耗模式来降低发送功率，L3 模式能够使链路在相当长的时间没有使用的情况下（如用户不在线或 ADSL 链路上没有流量）通过 ATU-C 和 ATU-R 进入睡眠模式来进一步降低功耗。

总之，ADSL2 可以根据系统当前的工作状态（高速连接、低速连接、离线等），灵活、快速地转换工作功率，其切换时间可在 3s 之内完成，以保证业务不受影响。

（3）增强的抗噪声能力

ADSL2 通过以下几种技术提高了线路的抗干扰能力。

① 更快的比特交换（bit swap），一旦发现某个传输子通道受到噪声影响，就快速地将其承载的比特转移到信号质量好的子通道。

② 无缝的速率调整（Seam-less Rate Adaptation，SRA），在线路质量发生较大改变时，使系统可以在工作时在没有任何服务中断和比特错误的情况下改变连接的速率。

③ 动态的速率分配（DRR），总速率保持不变，但是各个通信路径的速率可以进行重新的分配。例如，一路用于语音通信的路径长时间沉默，分配于它的通信带宽可用于传送数据的路径。

（4）故障诊断和线路测试

增加了对线路诊断功能的规范，提供比较完整的宽带线路参数。可在线路质量很差而无法激活时，系统自动进入线路诊断模式，进行线路参数测量。

和 ADSL 相比，ADSL2 只是在长距离的时候才能发挥自己的优势，在短距的情况下，其性能和 ADSL 类似。

2．ADSL2$^+$简介

ADSL2$^+$（ITU G.992.5）是在 ADSL2 的基础上发展起来的。其核心内容是拓展了线路的使用频宽。最高调制频点扩展至 2.208MHz，如图 5-6 所示，子载波数达到 512 个；下行的接入速率理论上可达到 24Mbit/s，上行速率与 ADSL2 相同（1.2Mbit/s）；传输距离与 ADSL2 相同，即 7km。

ADSL2$^+$只是在短距离传输时比 ADSL 具有优势，长距离时高频段衰减大，相当于 ADSL2。ADSL2$^+$与 ADSL2 在不同线路长度时的速率比较如图 5-7 所示。

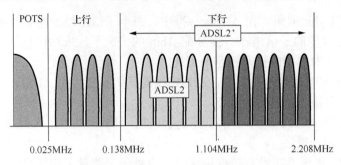

图 5-6 ADSL2$^+$ 与 ADSL2 的频谱比较

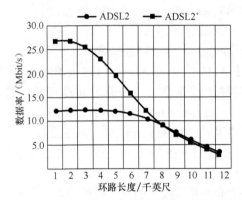

图 5-7 ADSL2$^+$ 与 ADSL2 在不同传输距离时的速率比较

3. VDSL 简介

VDSL 是 ADSL 技术的发展，是 DSL 中速率最快的接入技术。

（1）VDSL 的频谱划分

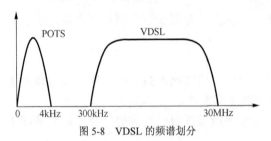

图 5-8 VDSL 的频谱划分

VDSL 频带理论范围：300kHz～30MHz，如图 5-8 所示。实际规定的上限频率为 12MHz。

上下行频率可根据需要灵活分配（对称/不对称）。但频率越高，线间串扰越大。因此影响 VDSL 稳定性的主要因素是线间串扰。

（2）VDSL 的基本特点

与 ADSL 一样，VDSL 通过一条普通的电话线缆，可实现窄带语音业务和高速数据业务同时工作。数据业务不经过程控交换机而直接进入数据网。

相对于 ADSL，在短距离传输时，VDSL 能够提供更高的传输速率，能够灵活地根据不同的业务需求（语音、数据、图像）提供不同的传送能力，可提供不对称和对称业务。VDSL 的应用环境主要分为 3 类。

① 短距离高速非对称业务。例如，300m 以内，下行传输速率 26Mbit/s 以上，主要用于视频传输。

② 中距离对称或接近对称业务。例如，1km 左右对称 10Mbit/s。

③ 较长距离非对称业务。这时因高频部分衰减很大，上行速率较低。

VDSL 的传输距离受业务速率和铜线本身特点的限制，距离小于 ADSL，传输距离为 1~3km（一般在 1.5km 内）。

5.2　华为 ADSL 产品简介

本实训选用华为公司的 ADSL 产品，它包括局端设备 SmartAX MA5300 和用户端设备 ADSL Modem 等，下面分别对其介绍。

5.2.1　ADSL 局端设备——SmartAX MA5300 简介

SmartAX MA5300 宽带接入设备（以下简称 MA5300）是华为公司自主开发的 L2/L3 IP DSLAM 设备。该设备位于宽带网络边缘接入层，主要提供 xDSL 接入，包括 VDSL、ADSL，作为标准的 IP DSLAM 设备使用，在以 xDSL 接入为主的同时，也能够支持一定的 Ethernet 接入，同时还提供 IP 组播业务、802.1X 认证业务、QoS/ACL 业务、集群管理业务、宽带测试业务以及 ISU（Intelligent Service Unit）功能，具有丰富的宽带接入业务和良好的可运营、可管理功能。

1. MA5300 设备的硬件结构

MA5300 设备的外形如图 5-9 所示，是柜式结构，它的插框由一个业务框和一个分离器框组成，均为 16 个槽位。业务框的 7、8 槽位固定为主控板（ESM）槽位，0~6、9~15 可以插各种业务板（EAD/EVD/ESH），14、15 槽位可以混插业务处理板 ISU 板或以太网接口板 EIU 板。分离器框用于放置分离器单板 ESP 板，每一个业务板均要对应一个分离板，如图 5-10 所示。

0							7	8					14	15
业务板	业务板	业务板	业务板	业务板	业务板	业务板	主控板	主控板	业务板	业务板	业务板	业务板	业务板/ISU/EIU	业务板/ISU/EIU

MA5300 业务框单板分布图

0							7	8					14	15
分离器板	分离器板	分离器板	分离器板	分离器板	分离器板	分离器板	分离器板	分离器板	分离器板	分离器板	分离器板	分离器板	分离器板	分离器板

MA5300 Splitter 单板分布图

电源
风扇
MA5300 机框

图 5-9　MA5300 设备外形图

图 5-10　MA5300 设备前面板示意图

业务框的各种单板端口编号"采用槽位编号/子槽位编号/端口编号"的格式，一个框共有 16 个槽位，编号为 0～15，如 7 槽位 1 模块 0 端口应写为 7/1/0。ADSL 端口的槽号取值范围为 0～6、9～15，子槽号固定为 0，端口号取值范围 0～47，如 0 槽位 0 模块 0 端口应写为 0/0/0。

MA5300 的单板可分为主控板、业务板、接口板，同时也内置业务处理板 ISU 板。主要各种单板的对外接口及功能说明如表 5-1 所示。

表 5-1　　　　　　　　　　　MA5300 主要单板种类及接口功能说明表

单板种类	单板名称	对外接口	基本功能说明
ESM 主控板	ESMA/ESME/ESMB	1 个网口，1 个串口，1 个环境监控口。 ESMA/ESME 最大 8 个 FE 口或 4 个 FE 口 + 2 个 GE 口 ESMB 最大 8 个 FE 口或 4 个 FE 口 + 4 个 GE 口	主控板提供两个扣板槽位（ESME/ESMB 扣板 2 位置固定配置 4 电口 FE 扣板 E4FA，ESMA 扣板 2 位置只能配置 4 光口 FE 扣板）。 可根据组网情况选择不同 FE 扣板和 GE 扣板，FE 口和 GE 口既可以作为上行接口，也可以作为本地远端级连接口
EVD 单板	EVDA	24 个 VDSL 接口	与 ESP 板配合使用配置比例为 2：1，与 ESPA 板配合支持 VDSL 接入。 通过连接线缆接至 ESP 板的 xDSL 接口
EAD 单板	EADA	48 个 ADSL 用户接口	与 ESP 板配合使用，配置比例为 1：1。 通过连接线缆接至 ESP 板的 xDSL 接口
	EADB	48 个 ADSL2$^+$用户接口	与 ESP 板配合使用，配置比例为 1：1。 通过连接线缆接至 ESP 板的 xDSL 接口
ETH 以太网接口板	ETHA	12 个 FE 接口板	提供以太网接入
ESP 分离器单板	ESPA	48 个 LINE 接口 48 个 xDSL 接口 48 个 PSTN 接口	ESPA：用于 xDSL over POTS。 LINE 接口通过用户线缆接至配线架，引出 POTS 和 VDSL 混合信号到 RTU。 xDSL 接口：通过连接线缆接至 EVDA/EADA 板的 VDSL/ADSL 接口。 PSTN 接口：通过用户电缆连接到配线架，从 PSTN 网络引入 POTS 信号
ISU 单板	ISUA/ISUE	1 个网口，1 个串口，两个扣板槽位	提供两个扣板槽位（ISUE 板下扣板固定配置 4 电口 FE 扣板 E4FB）。 可根据组网情况选择不同 FE 扣板和 GE 扣板。FE 口和 GE 口既可以作为上行接口，也可以作为本地远端级连接口
EIU 单板	EIUA	一个 GE 扣板槽位和一个 FE 扣板槽位	当 ESM 支持主备倒换功能时，可安装 EIU 上行接口板，用于上行连接

2. MA5300 的管理方式

（1）串口方式

用本地维护串口线连接维护 PC 串口至 MA5300 的 ESM 板上的 CON 口，通信软件可使用 Windows 操作系统下的超级终端工具进行。

串口终端环境的建立操作步骤如下。

① 将 PC 串口通过标准的 RS-232 串口线与 MA5300 的 ESM 板上的 CON 口相连接，如图 5-11 所示。

② 在 PC 上选择"开始"→"程序"→"附件"→"通信"→"超级终端"菜单，打开超级终端，建立相应的串口连接，如图 5-12 所示。

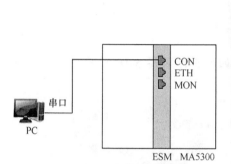

图 5-11　本地维护串口连接示意图

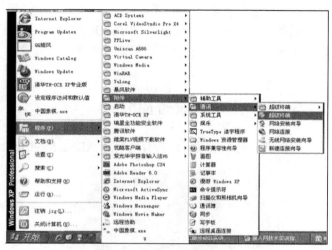

图 5-12　打开超级终端

③ 任意取名后单击"确定"按钮，进入下一步设置，选择与 MA5300 设备实际连接的标准字符终端或 PC 的串口号，如图 5-13 所示。

④ 单击"确定"按钮后会出现 COM 属性配置框，设置波特率为 9600bit/s（波特率的设置和设备的串口参数的配置一致，系统默认设置为 9600bit/s），数据位为 8，奇偶校验为无，停止位为 1，流量控制为无，如图 5-14 所示。

图 5-13　选择 PC 使用的串口

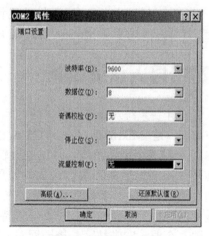

图 5-14　设置 COM 属性

⑤ 单击"确定"按钮，出现超级终端界面，即已进入 MA5300 系统超级终端操作界面，根据提示输入用户名和密码进行用户注册（系统默认的超级用户名为 root，密码为 admin），直到出现命令行提示符（如 MA5300>）。若无用户名和密码提示，单击操作界面上

的"挂断"后，再单击"拨号"按回车键，若还无法登录，请返回检查参数设置或物理连接，然后重新登录。

（2）远程管理方式

远程管理方式分为带内管理和带外管理两种。MA5300 设备在接入网络之前，必须以串口方式通过超级终端设置带外/带内网管的 IP 地址。已知设备 IP 地址时，可以通过 Telnet 登录，实现远程管理。

设备在出厂时已配备默认的带外 IP 地址，用户可按照自己的网络规划修改带外 IP 地址。带内 IP 地址需要用户自己配置。注意，带外管理 IP 和带内管理 IP 必须设置在不同的网段。

5.2.2　用户端设备简介

本实训的用户端设备包括分离器和 ADSL Modem，如图 5-15 和图 5-16 所示。

图 5-15　ADSL Modem

图 5-16　分离器

分离器提供 3 个接口。一个"line"口，用于连接局端电话线；一个"phone"口，用于与用户端电话线相连；还有一个"MODEM"口，与 ADSL Modem 相连。

ADSL Modem 主要提供两个接口。"DSL"接口，用于插入电话线；"Ethernet"口，通过网线与用户计算机相连。ADSL Modem 前端有一些指示灯，当插上电源后，"Power"灯会变亮。若"DSL"灯由红色变为绿色慢闪，表示 Modem 已与 DSLAM 建立同步；"Ethernet"灯绿灯慢闪表示 Modem 与终端 PC 连接正常。

5.3　宽带接入认证设备——XF-BAS 简介

接入认证计费系统对宽带 IP 网络的运营来说是至关重要的。本实训选用的宽带接入服务器 XF-BAS 是 MikroTik 公司的软路由（ROS，RouterOS 的缩写）产品。MikroTik RouterOS 是一种路由操作系统，并通过该软件将标准的 PC 电脑变成专业路由器，在软件的开发和应用上不断地更新和发展，软件经历了多次更新和改进，使其功能在不断增强和完善。特别在无线、认证、策略路由、带宽控制和防火墙过滤等功能上有着非常突出的功能，其易安装、易维护、稳定性高、投资低等特点，受到许多网络人士的青睐。产品可全面满足政府、机关、企业、宽带社区、校园网对高性能、多功能、高可靠性、高安全性、高性价比的需求。它解决了目前宽带 IP 网络运营所面临的诸如用户身份认证、带宽控制、多 IP 服务的管理与计费等方面亟待解决的问题，支持多种计费策略。

RouterOS 提供了强大的命令配置接口。可以通过简易的 Windows 远程图形软件 WinBox 管理路由器。

XF-BAS 具有以下网络功能。

① 路由器功能（支持 RIP1、RIP2、RIPng、OSPF、OSPFv6、BGP4 路由协议）支持 IPv4、IPv6 协议。

② PPPoE 服务器和客户端功能支持 RADIUS 认证和计费，支持基于用户账号的带宽管理和访问控制策略。

③ PPTP/VPN、L2TP/VPN 服务器和客户端功能支持 RADIUS 认证和计费，支持基于用户账号的带宽管理和访问控制策略，支持 PAP、CHAP、MSCHAP、MSCHAPv2 认证协议，支持 MPPE 链路加密。

④ HOTSPOT（WEB 认证）服务器功能支持在有线局域网和无线局域网上的 WEB 认证；支持 RADIUS 后台认证计费，支持 MD5-CHAP 认证协议以保证用户口令的安全传输；用户无需安装客户端软件，并可动态显示连接时长和上网流量。

⑤ 无线接入服务器（ACCESS POINT，AP）功能支持 2.4GHZ、5.2GHZ、5.8GHZ 无线网络，在无线链路上可使用 PPPOE、PPTP、L2TP、IPIP、IPSEC、HOTSPOT 等接入方式。

⑥ 状态防火墙功能和 NAT 功能支持 IP 共享、基于源地址的 NAT 转换、基于目的地址的 NAT 转换、IP 端口重定向等功能，实现对内部网络上网权限管理。

⑦ DHCP 服务器和客户端功能支持 IP-MAC 绑定。

⑧ DNS CACHE 功能提供基于缓存的 DNS 服务器功能。

⑨ RADIUS 客户端功能用以完成 PPP 连接的 RADIUS 认证和 HOTSPOT 的 RADIUS 认证。

XF-BAS 设备的外形如图 5-17 所示。

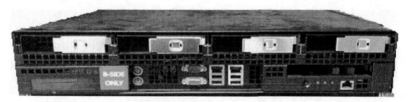

图 5-17　XF-BAS 设备外形图

该设备提供 2 个以太口，分别是 WAN 出口、LAN 入口。WAN 出口连接外部网络，LAN 入口连接内部需要认证计费管理的机器。

XF-BAS 可以实现本地对用户的认证管理，也可与 Radius 服务器配合，实现用户的集中认证管理。

5.4　总结

（1）本章对 DSL 家族中应用最广的 ADSL 技术进行了简介。与所有 DSL 技术一样，ADSL 的信号传输会受到铜线本身传输特性的影响，会产生传输损耗、噪声等，这些因素也导致 ADSL 无法实现远距离的高宽带接入。ADSL 接入系统包括局端接入设备和用户端接入设备，局端接入设备由 ADSLAM 和分离器机架组成，用户端接入设备由 ADSL Modem 和分离器组成。ADSL 采用 FDM 技术实现了语音与数据的分离，为用户提供了语音、上行数据、下行数据 3 个信道；采用 DMT 调制技术将频带划分为了 256 个独立的子信道，在每个子信道上采用 QAM 调制；其信道类型包括快速信道和交织信道。作为 ADSL 的后续技术，ADSL2、ADSL2$^+$、VDSL 在速率方面有较大提高，但它们的优势主要体现在短距离通信上。

（2）本章对本实训涉及的 ADSL 设备和宽带接入认证设备进行了介绍。本实训 ADSL 设备选用市场占有率最高的华为公司 ADSL 产品，局端选用 MA5300 接入设备，用户端选用华为公司 ADSL Modem 等。MA5300 设备管理方式包括本地串口管理、远程带外管理、远程带内管理 3 种方式。宽带接入认证设备选用 MikroTik 公司的软路由产品 XF-BAS，其可独立，也可与 Radius 服务器一起完成 AAA（认证、授权、计费）功能。

5.5 思考题

5-1 什么是 DSL 技术，目前已提出的种类有哪些？

5-2 在 DSL 技术中，传输速率最快的是哪种？

5-3 ADSL Modem 的主要功能是什么？

5-4 请简述 ADSL 接入系统的基本结构。

5-5 与 ADSL 相比，ADSL2、ADSL2$^+$、VDSL 有哪些特点？

5-6 MA5300 设备主控板放在哪个槽位，用户板可放于哪些槽位？

5-7 XF-BAS 是什么设备，有什么功能？

第 6 章

ADSL 基本操作与维护实训

6.1 实训目的

- 了解并熟悉 ADSL 实训平台设备组网情况。
- 熟悉并掌握 MA5300 设备基本命令、术语，同时熟悉 EB 软件实验平台的使用等。

6.2 实训规划（组网、数据）

6.2.1 组网规划

ADSL 实训组网如图 6-1 所示。

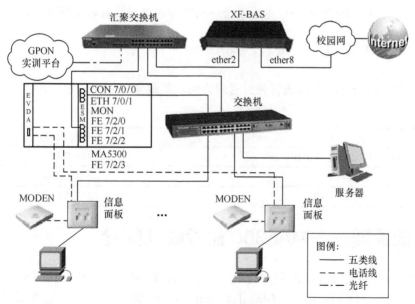

图 6-1 ADSL 实训组网图

组网说明：

本实训平台配有一台 ADSL 局端设备 MA5300，MA5300 设备采用最低配置，业务框配有一块 ESM 主控板，位于 7 号槽位，一块 ADSL 用户板 EADA，位于 0 号槽位。分离框配有一块 ESP 分离器单板。每块 EADA 板可以提供 48 对电话线，本实训只用前 30 对电话线。每对电话线在用户端连接 ADSL Modem，通过 Modem 下挂 ADSL 宽带用户（终端PC）。ADSL 宽带用户通过 PPPoE 协议拨号上网。

MA5300 设备通过主控板 ESM 板上的 7/2/0 以太网电上联口接至汇聚交换机，由汇聚交换机再接至宽带接入服务器 XF-BAS 设备的 ether2 口上，宽带接入服务器 XF-BAS 设备的 ether8 网口再经过其他网络设备接入校园网或互联网，模拟数据业务上联网络。

对 MA5300 设备的管理采用带外网管方式，若干台 PC 通过交换机汇聚后与 MA5300 设备主控板 ESM 板的 ETH 口相连，只要将 PC 机的 IP 地址配置成与 ETH 口的 IP 地址在同一网段，即可通过带外网管方式远程访问 MA5300 设备。

本实训平台可支持 30 位同学同时操作。当 PC 机的网线与信息面板上的网络接口相连时，PC 机作为管理 PC 使用；当 PC 机的网线与 Modem 的 Erthnet 口相连时，PC 机作为 ADSL 终端 PC 使用。

关于管理方式的特别说明：

设备的管理方式包括本地串口管理和远程管理。远程管理又分为带内管理和带外管理。带内管理是指业务和管理信息走同一通道。而带外管理中，管理信息和业务信息分开，管理信息通过专门的网管接口传输。带内 IP 地址需要用户自己配置；带外 IP 地址在设备出厂时已经配置好了，用户可按照自己的规划对其进行修改。开局时，一般首先通过本地串口方式登录设备，在配置了设备的带内 IP 地址或修改带外 IP 地址后，可通过带内管理或带外管理的方式做远程管理。但在本实训中只有一台局端设备，是多个同学共用一台局端设备，因此不可能按照一般开局步骤那样，让每个同学先用串口方式登录做基本配置后再转为远程管理。我们只能采取带外管理的方式，远程登录至局端设备，做一系列开局操作。基于同样的原因，本书后面的 GPON 实训平台也采取带外网管方式对局端设备进行管理。

6.2.2　数据规划

以 DSLAM 的第 5 台 PC 机进行带外管理为例，其数据规划如表 6-1 所示。

表 6-1　　　　　　　　　　　　ADSL 带外管理数据规划

参　　数	第 5 台 PC 机
DSLAM 的带外网管 IP	129.8.0.7/16
服务器 IP	129.8.0.10/16
管理 PC 机 IP	129.8.3.5/16

6.3　实训原理——MA5300 命令模式简介

MA5300 命令模式分为普通用户模式（User EXEC Mode）、特权用户模式（Privileged EXEC Mode）、全局配置模式（Global Configuration Mode）、接口配置模式（Interface Configuration Mode）以及相应的业务配置模式等。

MA5300 的命令行采用分级保护方式，以防止未授权的用户的非法侵入。不同级别的用户可以进入不同的命令模式。同时，对于不同级别的用户，即使进入同样的模式，他们所能执行的命令也会有所不同。

在 MA5300 中，命令行接口提供的命令模式的关系可以如图 6-2 所示。

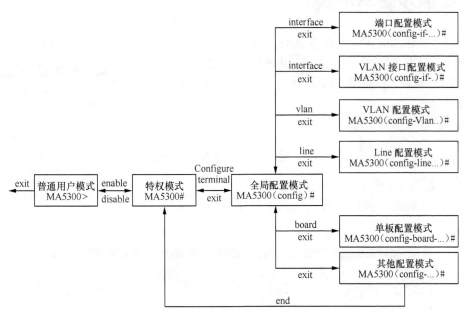

图 6-2　命令行模式关系图

具体各个命令模式的功能及其特性如表 6-2 所示。

表 6-2　　　　　　　　　　　　　　命令模式功能特性列表

命令模式	功　　能	模式提示符	进 入 方 式
普通用户模式	查看系统基本信息	MA5300>	登录后直接进入
特权用户模式	进行系统基本配置	MA5300#	MA5300>**enable**
全局配置模式	配置系统设备及全局性参数	MA5300(config)#	MA5300#**config terminal**
快速以太网端口配置模式	配置快速以太网端口的属性	MA5300(config-if-ethernet7/1/0)#	MA5300(config)# **interface ethernet** *slot/subslot/port*
千兆以太网端口配置模式	配置千兆以太网端口的属性	MA5300(config-if-gigabitethernet-7/1/0)#	MA5300(config)# **interface gigabit-ethernet** *slot/subslot/port*
VDSL 端口配置模式	配置 VDSL 端口参数	MA5300 (config-if-vdsl2/0/0)#	MA5300(config)# **interface vdsl** *slot/subslot/port*
ADSL 端口配置模式	配置 ADSL 端口参数	MA5300 (config-if-adsl2/0/0)#	MA5300(config)# **interface adsl** *slot/subslot/port*
VLAN 接口配置模式	配置 VLAN 和 VLAN 接口对应的 IP 接口参数	MA5300(config-if-vlan-interface1)#	MA5300(config)#**interface vlan-interface 1**
VLAN 配置模式	配置 VLAN 参数	MA5300 (config-vlan1)#	MA5300(config)#**vlan 1**
Line 配置模式	配置 Line 参数	MA5300 (config-line0)#	MA5300(config)#**line 0**

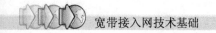

6.4　实训步骤与记录

步骤1：认识DSLAM设备及BAS的系统结构，查看各物理接口的连线情况。

步骤2：设置各管理PC的静态IP地址，与DSLAM的带外网管在同一网段，ping通DSLAM的带外网管IP。参见第4章实训的步骤1。

图6-3　代理服务器登录界面

步骤3：登录DSLAM。

① 在桌面上双击　　图标，输入代理服务器地址：129.8.0.10，如图6-3所示。

② 单击"确定"按钮，进入实训平台主界面，如图6-4所示。

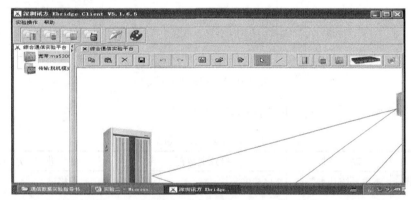

图6-4　实训平台主界面

③ 双击主平台左上角的"宽带：MA5300"图标，进入宽带设备登录界面，如图6-5所示。

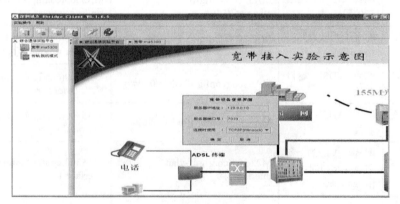

图6-5　宽带设备登录界面

④ 单击"确认"按钮进入宽带设备命令操作模式，系统默认在特权模式下，如图6-6所示。

图 6-6　宽带设备命令操作模式

注：MA5300 为主机名称，后面直接加#表示在特权模式下。

步骤 4：MA5300 设备常用命令配置。

① 模式转换命令：**configure terminal**，由特权模式进入全局配置模式，如图 6-7 所示。

图 6-7　特权模式进入全局配置模式

注：主机名称+（congfig）#表示在全局模式下，大部分命令都是在此模式下输入有效。

② 从当前模式退回到上一级模式，命令是：**exit**（或者是 end），如图 6-8 所示。

③ 修改主机名命令：**hostname**，在全局模式下输入命令：**hostname FZ_YDXX_MA5300**，此时，主机名被更改为 FZ_YDXX_MA5300，如图 6-9 所示。

图 6-8　当前模式退回到上一级模式

图 6-9　修改主机名命令

注：设备名称的标准命名方式 [地区_单位名称_设备名称]，中间不许出现空格。

④ 修改系统时间：**time**，在特权模式下输入命令：**time hh:mm:ss yyyy-mm-dd**，例如，time 15:20:00 2007-03-15，如图 6-10 所示。

注：时间的格式为时两位、分两位、秒两位，中间用"："间隔；年四位、月两位、日两位，中间用"-"间隔。

⑤ 修改后的时间可用 **show time** 命令来查看，在命令输入窗口下输入命令：**show time**，然后按回车键，即可显示出系统当前时间，如图 6-11 所示。

⑥ 显示当前所有配置信息，即显示当前机器运行状态命令：**show running-config**，如图 6-12 所示。

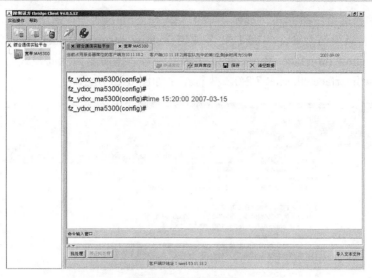

图 6-10　修改系统时间

图 6-11　show time 命令

图 6-12　显示当前所有配置信息

注：命令输入后继续按回车可显示所有信息，按 Ctrl+c 则强行退出显示。

⑦ 显示端口当前信息命令，adsl 业务端口：**show interface adsl** 宽带端口号。显示主控板以太网口：**show interface ethernet** 以太网口编号（该命令为全局模式命令）。

例如，show interface ethernet 7/2/0，执行结果如图 6-13 所示。

图 6-13　显示端口当前信息命令

⑧ 显示 ADSL 端口的配置参数：**show adsl line-profile all**，如图 6-14 所示。

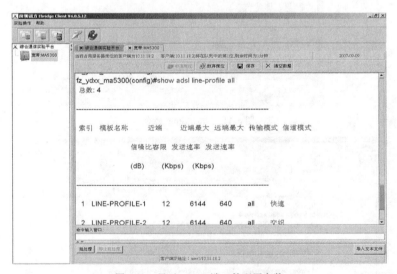

图 6-14　显示 ADSL 端口的配置参数

注意观察线路模板号和重要参数的选择。

⑨ 显示 VLAN 接口相关信息，在全局模式下输入命令：**show vlan all**，如图 6-15 所示。

⑩ 显示单板状态，在全局模式下输入命令：**show board　0**，如图 6-16 所示。

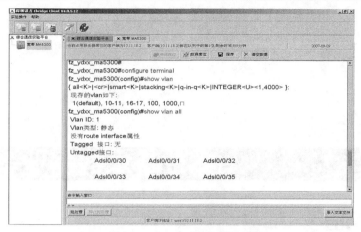

图 6-15 显示 VLAN 接口相关信息

图 6-16 显示单板状态

6.5 总结

（1）通过本次实训，认识了 DSLAM 设备及 BAS 的系统结构，以及它们之间的物理连接，掌握了 MA5300 设备各命令行之间模式的转换及常用的配置命令。

（2）通过本次实训，加深了一些基本的计算机网络操作知识，如 IP 地址的设置、ping 命令的使用等。

6.6 思考题

6-1 MA5300 设备有哪些命令模式？

6-2 MA5300 设备特权模式和全局配置模式的提示符分别是什么？这两种命令模式可以通过什么命令进行相互切换？

6-3 用什么命令可显示 0/0/10 ADSL 业务端口的相关信息？

6-4 用什么命令可显示 7/2/1 以太网端口的相关信息？

第 7 章

ADSL 基本数据业务配置

7.1 实训目的

- 进一步熟悉 ADSL 体系架构。
- 熟悉并掌握 MA5300 设备业务配置的步骤。
- 熟悉并掌握 MA5300 设备基本业务配置命令。
- 进一步掌握计算机网络的基本操作知识。

7.2 实训规划（组网、数据）

7.2.1 组网规划

实训组网图与第 6 章的实训组网图相同。

7.2.2 数据规划

以 DSLAM 的第 5 个 ADSL 用户的宽带业务开通为例，其数据规划如表 7-1 所示。

表 7-1 ADSL 宽带业务数据规划

参　　数	第 5 台 PC 机
DSLAM 的带外网管 IP	129.8.0.7/16
服务器 IP	129.8.0.10/16
管理 PC 机 IP	129.8.3.5/16
宽带业务 vlan 号	1000
宽带业务 vlan IP	192.168.2.2/24
用户侧端口	0/0/5
VPI/VCI	0/35
线路模板名	5
信道类型	交织信道（interleaved）
下行速率	最高：2048kbit/s 最低：32kbit/s
上行速率	最高：640kbit/s 最低：32kbit/s

7.3　实训原理——PPPoE 简介

用户接入 Internet，在传送数据时需要数据链路层协议。点对点协议（Point to Point Protocol，PPP）就是在点到点链路上承载网络层数据包的一种链路层协议。该协议要求进行通信的双方之间是点到点的关系，不适于广播型的以太网和另外一些多点访问型的网络，于是就产生了在以太网上承载点对点协议（Point-to-Point Protocol over Ethernet，PPPoE）。PPPoE 协议综合了 PPP 和多点广播协议的优点，为宽带接入服务商提供了一种全新的接入方案，是宽带接入网中广泛使用的一种协议。通过 PPPoE 协议，远端接入设备能够对每个接入用户进行控制和计费管理。

PPPoE 协议的工作流程包含发现和会话两个阶段。其中发现阶段是无状态的，目的在于用户主机和接入集中器都获得对方的以太网 MAC 地址，并建立一个唯一的 PPPoE SESSION-ID。发现阶段结束后，就进入第二阶段，即 PPP 会话阶段。

7.3.1　发现阶段

在发现（Discovery）阶段中，用户主机会发送广播信息来寻找所连接的所有接入集中器（或交换机），并获得其以太网 MAC 地址，接入集中器同时也获得了用户主机的 MAC 地址。然后选择需要连接的认证服务器（提供 PPPoE 接入服务的主机），并确定所要建立的 PPP 会话标识号码。发现阶段有以下 4 个步骤。

1. 主机广播发起分组（PADI）

主机广播发起分组的目的地址为以太网的广播地址 Oxffffffffffff，SESSION-ID（会话 ID）字段值为 Ox0000。其中 PADI 分组必须至少包含一个服务名称类型的标签，向接入集中器提出所要求提供的服务。

2. 接入集中器响应请求

接入集中器收到来自服务范围内的 PADI 分组后，发送 PPPoE 有效发现提供包（PADO）分组，以响应请求。SESSION-ID 字段值仍为 0x0000。PADO 分组必须包含一个接入集中器名称类型的标签，以及一个或多个服务名称类型标签，表明可向主机提供的服务种类。

3. 主机选择一个合适的 PADO 分组

主机可能会接收到多个 PADO 分组，经过比较选择一个合适的 PADO 分组，然后向所选择的接入集中器（或交换机）发送 PPPoE 有效发现请求分组（PADR）。SESSION-ID 字段值仍为 0x0000。PADR 分组必须包含一个服务名称类型标签，确定向接入集线器（或交换机）请求的服务类型。如果主机在规定的时间内没有接收到 PADO，它则会重新发送它的 PADI 分组，并且加倍等待时间。

4. 准备开始 PPP 会话

接入集中器收到 PADR 分组后准备开始 PPP 会话，发送一个 PPPoE 有效发现会话确认分组（PADS）。SESSION-ID 字段值为接入集中器所产生的一个唯一的 PPPoE 会话标识号码。PADS 分组也必须包含一个接入集中器名称类型的标签以确认向主机提供的服务。当主机收到 PADS 分组确认后，双方就进入 PPP 会话阶段。

7.3.2 会话阶段

发现阶段完成后，就进入了会话阶段。会话阶段首先要建立连接，其次要对用户进行认证，然后给通过认证的用户授权，最后还要给用户分配 IP 地址，这样用户主机就能够访问 Internet。

1. 建立连接

在发现阶段，用户和接入集中器都已经知道了对方的 MAC 地址，同时也建立了一个唯一的 SESSION-ID，这两个 MAC 地址和 SESSION-ID 是绑定在一起的，双方再进行链路控制协商（LCP），就建立了数据链路层的连接。

2. 认证

建立连接后，用户会将自己的身份发送给认证服务器，服务器将对用户的身份进行认证。如果认证成功，认证服务器将对用户授权。如果认证失败，则会给用户反馈验证失败的信息，并返回链路建立阶段。

认证服务器主要有两种，一种是本地认证服务器 BAS，另一种是远程集中认证服务器 Radius。在远程集中认证方式中，BAS 相当于一个代理。

最常用的认证协议分为 PAP 和 CHAP 两种，口令认证协议（Password Authentication Protcol，PAP）是一种简单的明文验证方式。用户只需提供用户名和口令，并且用户信息是以明文方式返回。因而这种验证方式是不安全的。挑战握手协议（Challenge Handshake Authentication Protocol，CHAP）是一种三次握手认证协议，能够避免建立连接时传送用户的真实密码。认证服务器向远程用户发送一个挑战口令（challenge），其中包括会话 ID 和一个任意生成的挑战字串。远程客户必须使用 MD5 单向哈希算法返回用户名和加密的挑战口令、会话 ID 以及用户口令，其中用户名以非哈希方式发送。CHAP 是一种密文认证方式，因而比 PAP 更安全可靠。

3. 授权

用户经过认证后，服务器给用户授权，按照用户申请的类型给用户分配相应的带宽。

4. 分配 IP 地址

此阶段，PPPoE 将调用在建立链路时选定的网络控制协议，比如 IPCP（IP 控制协议），然后给接入的用户分配一个动态 IP 地址。这样用户就可以访问 Internet 网络了。在此阶段服务器会对用户进行计费管理。

PPPoE 流程如图 7-1 所示。

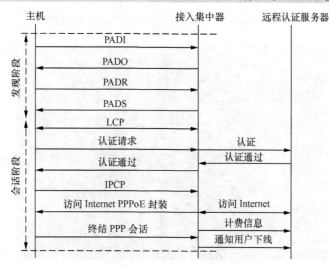

图 7-1　PPPoE 流程图

　　用户主机通信完毕时，就会发送终结 PPP 会话数据包。会话结束时一般 PPP 对端应该使用 PPP 自身来终止 PPPoE 会话，但是当 PPP 不能使用时，可以使用 PADT。它可以在会话建立后的任何时候发送。它可以由主机或者接入集中器发送。当对方接收到一个 PADT 分组，就不再允许使用这个会话来发送 PPP 业务。PADT 分组不需要任何标签，SESSION-ID 字段值为需要终止的 PPP 会话的会话标识号码。在发送或接收 PADT 后，即使正常的 PPP 终止分组也不必发送。

　　用户主机与接入集中器根据在发现阶段所协商的 PPP 会话连接参数进行 PPP 会话。PPPoE 会话开始后，PPP 数据就可以以任何其他的 PPP 封装形式发送。这个过程中的所有的帧都是单播的。PPPoE 会话过程中 SESSION-ID 是不能更改的，必须是发现阶段分配的值。

7.4　实训步骤与记录

　　步骤 1：参见第 4 章的实训步骤 1，设置各管理 PC 的静态 IP 地址，与 DSLAM 的带外网管在同一网段后，输入"ping 129.8.0.10"，测试能否 ping 通服务器，如图 7-2 所示。若能 ping 通，则双击桌面上 图标，登录到 MA5300 设备实现操作平台，参见第 6 章的实训步骤 3，出现如图 6-6 所示的界面。

　　步骤 2：MA5300 设备宽带业务配置。

　　根据 PPPoE 的原理可知，在用户端 PC 和 BAS 之间的设备的作用就是做二层（数据链路层）透传，不对 IP 包进行简析，因此我们对接入网设备的配置实际上就是做二层的配置。一般，为了避免用户间的相互干扰，我们需要对用户进行隔离，常用的隔离方式是让用户业务分别在不同的 VLAN 中传递。所以，要实现 ADSL 用户的宽带上网业务，就是要给用户划分 VLAN，并将业务所经过的端口加入 VLAN。业务所经过的端口有上联口和用户侧接口，需要将这两个端口加入业务 VLAN。另外，由于 DSLAM 和 MODEM 之间的数据传输采用 ATM 方式，还需配置这一段路径上的虚连接 PVC 的相关信息。这些配置完成后，用户就可以拨号上网了。不过为了对用户进行更好的管理，就还需对用户进行限速处理。

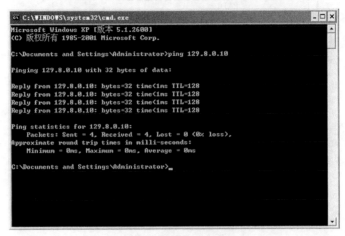

图 7-2   ping129.8.0.10

以 DSLAM 的第 5 个 ADSL 用户的宽带业务开通为例，在 MA5300 实训操作平台的命令窗口中（如图 6-6 所示）输入如下配置。输入命令时请注意，遇到｛｝可以直接按回车键。

```
//step 1：进入全局配置模式
MA5300#   //特权模式
MA5300#configure terminal   //从特权模式进入全局配置模式
MA5300 (config)#           //全局配置模式
//step 2：创建 VLAN，并把上联口和用户侧接口加入业务 VLAN
MA5300(config)#vlan 1000   //新建 VLAN，值为 1000
MA5300(config-vlan1000)#switchport adsl 0/0/5   //将用户端口 0/0/5 加入业务
VLAN 1000
MA5300(config-vlan1000)#switchport ethernet 7/2/0   //将上联以太网端口 7/2/0 加
入业务 VLAN 1000
MA5300(config-vlan1000)#exit   //退出 VLAN 配置模式
MA5300(config)#interface vlan-interface 1000   //进入 VLAN 1000 接口配置模式
MA5300(config-if-Vlan-interface1000)#ip address 192.168.2.2 255.255.255.0
//给 VLAN 1000 接口配置 IP 地址
MA5300(config-if-Vlan-interface1000)#exit   //退出 VLAN 接口配置模式
//step 3：创建线路模板，线路模板实际为多个线路配置参数的集合
MA5300(config)#adsl line-profile add 5   //创建线路模板，模板号为 5
```

说明：在配置线路模板的过程中，每个参数后面方括号内为默认取值。若不修改，直接按回车键则显示下一条参数；若要修改，在后面输入新的值再按回车键即可。下面是线路模板的配置过程。

开始添加模板 5。

在输入的过程中，可以按 Ctrl+C 键退出设置，使本次设置无效。

> 请选择模板类型 0-ADSL 1-ADSL2^{+} (0~1)[0]：0

```
>  您要进行基本配置吗？[Y|N] N:y
>  ADSL 工作模式:

>  0: 全兼容(G992.1,G992.2,G992.3,G992.4,G992.5,T1.413)
>  1: 全速率(G992.1,G992.3,G992.5 or T1.413)
>  2: G992.2(g.lite) G992.4(g.lite.bis)
>  3: T1.413
>  4: G992.1(g.dmt) G992.3(g.dmt.bis) G992.5
>  5: g.hs(G992.5,G992.3,G992.1,G992.4,G992.2,以 G992.5 优先)
> 请选择 (0~5) [0]: 0
> 是否采用格栅编码 1-使用 2-禁用 (1~2) [1]: 1
> 是否采用上行通道位交换 1-使用 2-禁用(1~2) [2]: 2
> 是否采用下行通道位交换 1-使用 2-禁用(1~2) [2]: 2
> 您要设置通道工作方式吗？[Y|N] N:y
> 请选择通道方式 0-交织 1-快速 (0~1) [1]: 0
>  您要设置交织深度吗？[Y|N] N:y
>  下行最大交织延时 (0~255) [16]8
>  上行最大交织延时 (0~255) [6]8
> 您要设置 MODEM 的噪声容限吗？[Y|N] N:y
> 下行最小噪声容限(0~15 dB) [0]:0
> 下行最大噪声容限(0~31 dB) [31]:31
> 下行目标噪声容限(0~15 dB) [12]:12
> 上行最小噪声容限 (0~15 dB) [0]:0
> 上行最大噪声容限 (0~31 dB) [31]:31
> 上行目标噪声容限 (0~15 dB) [12]:12
> 您要设置速率参数吗？[Y|N] N:y
> 如果想指定固定的速率值，则将最大值与最小值设置成相同
> 下行最小速率 (32~8160 Kbps) [32]: 32        //下行最小速率为32kbit/s
> 下行最大速率(32~8160 Kbps) [6144]: 2048      //下行最大速率为2Mbit/s
> 上行最小速率 (32~896 Kbps) [32]: 32          //上行最小速率为32kbit/s
> 上行最大速率 (32~896 Kbps) [640]: 640        //上行最小速率为32kbit/s
  添加模板 5 成功                              //创建线路模板成功
//step 4: 用线路模板，激活用户端口
MA5300(config)#adsl activate adsl 0/0/5 5    //用线路模板 5 激活 ADSL 0/0/5 端口
//step 5: 配置 PVC 相关信息
MA5300(config)#adsl pvc vpi 0 vci 35 adsl 0/0/5  //设置 ADSL 0/0/5 端口的 VPI
为 0, VCI 为 35
//step 6: 退出全局配置模式
MA5300(config)#exit    //返回到特权模式
MA5300#
```

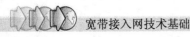

步骤 3：拨号测试。

① 电话线与 Modem 相连：将 DSLAM 出来的电话线（已接至信息面板的电话端口上）插入分离器的"Line"口，用一根电话线把分离器的"Modem"口与 Adsl Modem 的"DSL"口相连。

② Modem 与 PC 机相连：将信息面板上的网线拔下插入 Adsl Modem 的"Ethernet"口。

③ 打开 Modem 电源，观察"DSL"灯及"Ethernet"灯是否正常。

④ 在桌面创建"宽带连接"。步骤如下。

a．右键单击"网上邻居"，选择"属性"，进入如图 4-4 所示的界面，选择"创建一个新连接"。

b．单击"下一步"按钮，如图 7-3 所示。

c．选择"连接到 Internet"，单击"下一步"按钮，如图 7-4 所示。

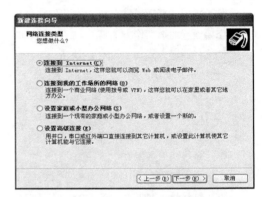

图 7-3　新建连接向导——欢迎界面　　　图 7-4　新建连接向导——选择网络连接类型界面

d．选择"手动设置我的连接"，单击"下一步"按钮，如图 7-5 所示。

e．选择"用要求用户名和密码的宽带连接来连接"，单击"下一步"按钮，如图 7-6 所示。

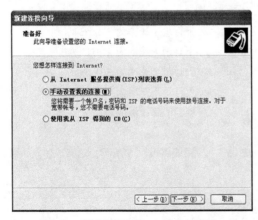
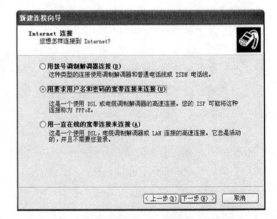

图 7-5　新建连接向导——准备好界面　　　图 7-6　新建连接向导——Internet 连接界面

f．在 ISP 名称输入框中输入"宽带连接"，单击"下一步"按钮，如图 7-7 所示。

g．输入用户名：test1，密码：test，确认密码：test，如图 7-8 所示，单击"下一步"按钮。

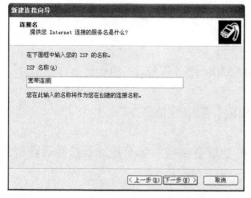

图 7-7　新建连接向导——连接名称界面

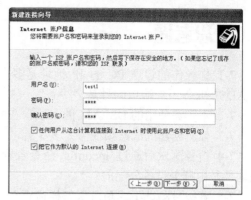

图 7-8　新建连接向导——Internet 账户信息界面

h. 在"我的桌面上添加一个到此连接的快捷方式"前打"√"，单击"完成"按钮即可，如图 7-9 所示。

i. 拨号测试：双击桌面的"宽带连接"，进入如图 7-10 所示界面，单击"连接"按钮看能否连接上网络。

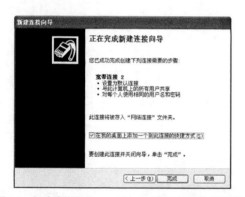

图 7-9　新建连接向导——正在完成新建连接向导界面

图 7-10　连接测试

⑤ 打开 IE 浏览器，输入 www.sina.com.cn 网址，看是否能正常打开网页。

⑥ 查看上网后用户 PC 获得的 IP，单击"开始"→"运行"，在运行对话框中输入"cmd"后，按回车键，在命令行窗口中输入命令：ipconfig，查看获得的 IP 地址是多少。

7.5　总结

（1）通过本次实训，了解 PPPoE 的基本原理，熟悉了 MA5300 设备的系统结构，加深了对 ADSL 体系架构的理解，掌握了 ADSL 数据业务开通的基本命令。

（2）通过本次实训，进一步加深认识了一些基本的计算机网络操作知识，包括：主机 IP 地址的配置、主机 IP 地址的查询命令 ipconfig、ping 命令的使用等，这将为后续的实训打下坚实的基础。

7.6 思考题

7-1 你操作的管理 PC 的 IP 地址是多少，MA5300 设备带外 IP 地址是多少？你所对应的 ADSL 业务用户端口编号是多少？

7-2 本实训使用的 DSLAM 的上联口在哪个槽位？端口号是多少？

7-3 你所创建的线路模板号是多少？

7-4 拨号测试后通过 ipconfig 命令查看的 IP 地址有哪些？哪个地址是拨号后获得的？该地址是由哪个设备分配的？

7-5 若拨号测试不成功，该怎样检查？

第 8 章

宽带接入认证服务器 XF-BAS 的配置

8.1 实训目的

- 加深对宽带拨号协议 PPPoE 的理解。
- 进一步理解 ADSL 数据业务处理的整个流程。
- 掌握 XF-BAS 的配置方法。
- 加深对宽带接入认证服务器 BAS 功能的理解。

8.2 实训规划（组网、数据）

8.2.1 组网规划

实训组网规划如图 6-1 所示。

组网说明：

XF-BAS 设备有两个以太网接口，接口名称分别是 ether2 和 ether8，其中 ether2 接口的 IP 地址为 129.9.3.254/24，ether8 接口的 IP 地址为 192.168.1.254/24。在对 XF-BAS 实训操作时可将管理 PC 的 IP 地址配置与 XF-BAS 的 ether2 接口的 IP 地址在同一网段。

8.2.2 数据规划

XF-BAS 配置实训数据规划如表 8-1 所示。

表 8-1   XF-BAS 配置实训数据规划

配 置 项		数 据 规 划
XF-BAS 网口的 IP 地址	ether2	129.9.3.254/24
	ether8	192.168.1.254/24
IP 地址池		Pool_shixun: 129.9.3.2~129.9.3.253/24
PPPoE 服务器	interface name	shixun
	profile	name:profile_shixun local address:129.9.3.254 remote address:pool_shixun DNS server:192.168.1.1 218.85.157.99

续表

配　置　项		数　据　规　划
PPPoE 服务器	PPPoE server	Name:server_shixun Interface:ether2 Default profile:profile_shixun
	PPP secret	Name:班级+学号 password:班级+学号 service:PPPoE profile:profile_shixun
NAT 转换	general	Chain:srcnat Out interface:ether8
	Action	Masquerade
Routes	general	Dst.Address:0.0.0.0/24 Gateway:192.168.1.1
DHCP Server	DHCP	name:server_shixun interface:ether2
	Network	Address:129.9.3.0 Gateway:129.9.3.254 Netmask:24 DNS Servers:192.168.1.1 218.85.157.99

8.3　实训原理——XF-BAS 设备简单配置步骤及内容

在本次实训中，XF-BAS 设备实现本地认证功能。根据前一章对 PPPoE 原理的认识，知道 XF-BAS 应该完成基本的认证、授权、IP 地址分配的功能，因此，首先需要配置它的 IP POOL（IP 地址池），设置提供给内网用户上网的 IP 地址范围；然后需要配置 PPPoE 服务器相关信息，例如，本地地址、远程地址、DNS 服务器、拨号用户的账号和密码等；为实现内网用户访问外网，还需要为认证服务器配置下一跳的路由。至此，基本的认证功能已配置完毕。但由于内网使用了私有地址，还需要启动 NAT 实现内外网地址的转换；由于为拨号用户采取内网 IP 地址动态分配的方式，还需配置 DHCP 服务器。

8.4　实训步骤与记录

步骤 1：配置网卡的 IP 地址（这部分工作由老师完成）。

（1）在 XF-BAS 设备上接好显示器和键盘，开启 XF-BAS 设备电源。

（2）XF-BAS 设备启动后进入登录的界面，如图 8-1 所示。默认的账号为：admin，密码为空。

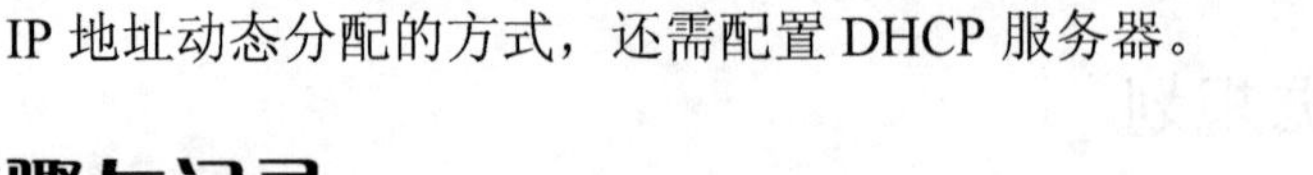

```
MikroTik v5.20
Login: admin
Password: _
```

图 8-1　XF-BAS 登录界面

（3）检查网卡。输入命令：/int pri，如果出现 ether2 和 ether8，表示两块网卡正常，如

图 8-2 所示。

```
[admin@MikroTik] > /int print
Flags: D - dynamic, X - disabled, R - running, S - slave
 #    NAME                                    TYPE              MTU  L2MTU  MAX-L2MTU
 0  R ether2                                  ether             1500  9014      9014
 1  R ether8                                  ether             1500  9014      9014
 2    shixun                                  pppoe-in
[admin@MikroTik] >
```

图 8-2　检查网卡

（4）配置网卡 IP 地址。输入命令：/ip address。

设置内网 IP 地址：add address=129.9.3.254/24 interface=ether2，如图 8-3 所示。

```
[admin@MikroTik] > /ip address
[admin@MikroTik] /ip address> add address=129.9.3.254/24 interface=ether2
[admin@MikroTik] /ip address>
```

图 8-3　配置网卡 IP 地址

设置外网 IP 地址：add address=192.168.1.254/24 interface=ether8。

设置好后，可查询各网口的 IP 地址情况，使用命令：/ip address pri。

如果要修改 IP 地址，使用 set 命令，如：

set 0 address=200.200.200.253/24　//0 表示第 0 块网卡。

如果要移除 IP 地址，使用 remove 命令，如：

remove 0　　//0 表示第 0 块网卡。

上述操作完成后可以在各学生机的桌面上点击 BAS 配置程序进行 BAS 数据的配置。

步骤 2：启动 XF-BAS 配置程序。

（1）将学生机 PC 的 IP 地址配置在 129.9.3.x/24 网段，如 129.9.3.5/24，把 PC 上的网线接到操作台信息面板的网口上，与 XF-BAS 的 ether2 口相连，ping 通 129.9.3.254，如图 8-4 所示。

```
C:\WINDOWS\system32\cmd.exe

Approximate round trip times in milli-seconds:
    Minimum = 0ms, Maximum = 0ms, Average = 0ms
Control-C
^C
C:\Documents and Settings\Administrator>
C:\Documents and Settings\Administrator>
C:\Documents and Settings\Administrator>
C:\Documents and Settings\Administrator>
C:\Documents and Settings\Administrator>
C:\Documents and Settings\Administrator>
C:\Documents and Settings\Administrator>ping 129.9.3.254

Pinging 129.9.3.254 with 32 bytes of data:

Reply from 129.9.3.254: bytes=32 time<1ms TTL=64
Reply from 129.9.3.254: bytes=32 time<1ms TTL=64
Reply from 129.9.3.254: bytes=32 time<1ms TTL=64
Reply from 129.9.3.254: bytes=32 time<1ms TTL=64

Ping statistics for 129.9.3.254:
    Packets: Sent = 4, Received = 4, Lost = 0 (0% loss),
Approximate round trip times in milli-seconds:
    Minimum = 0ms, Maximum = 0ms, Average = 0ms

C:\Documents and Settings\Administrator>
```

图 8-4　ping 通 XF-BAS

（2）运行 XF-BAS 配置程序。双击桌面上的 ，进入配置程序的登录界面，输入 XF-BAS 的 IP 地址：129.9.3.254，或单击 "Connect to" 后面的下拉选项，选择连接的 XF-BAS

的 IP 地址，输入默认用户名 admin，密码为空，如图 8-5 所示。单击"Connect"按钮，进入 XF-BAS 配置程序的主界面，如图 8-6 所示。

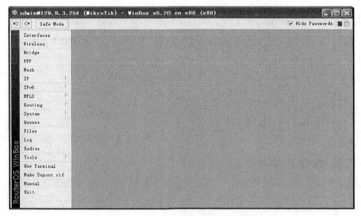

图 8-5　XF-BAS 配置程序的登录界面

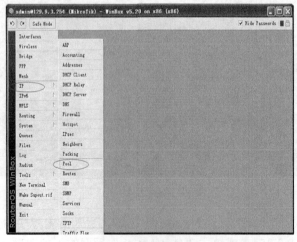

图 8-6　XF-BAS 配置程序的主界面

步骤 3：配置 IP 地址池。

配置 IP 地址池，设置提供给内网用户上网的 IP 地址范围。

（1）单击 IP/Pool，如图 8-7 所示。

图 8-7　单击 IP/Pool

（2）选择"Pool"，单击 ，配置 IP 地址池的名称为 pool_shixun，地址范围为 129.9.3.2～129.9.3.253，单击"OK"，如图 8-8 所示。

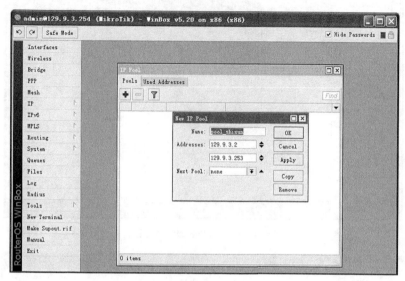

图 8-8　配置 IP 地址池

步骤 4：配置 PPPoE 认证服务器。

这一步是决定用户是否能上网的关键。

（1）单击左侧"PPP"，选择"Interface"，单击"PPPoE Server"，如图 8-9 所示。

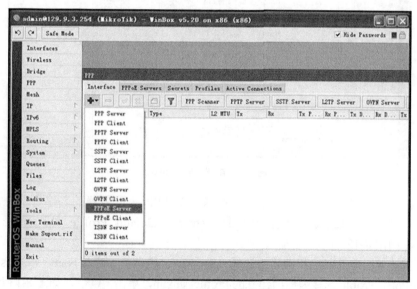

图 8-9　选择 PPP/PPPoE Server

（2）单击 ，输入 PPPoE 服务器的名字 shixun，单击"OK"，如图 8-10 所示。

（3）选择"Profiles"，单击 ，配置新的 Profiles 的名称 Name，本地地址输入 XF-BAS 内网接口的 IP 地址，地址池选择前面定义好的地址池，设置 DNS 地址为校园网 DNS 地址，单击"OK"，如图 8-11 所示。

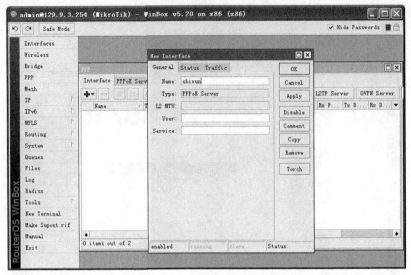

图 8-10　输入 PPPoE 服务器的名字

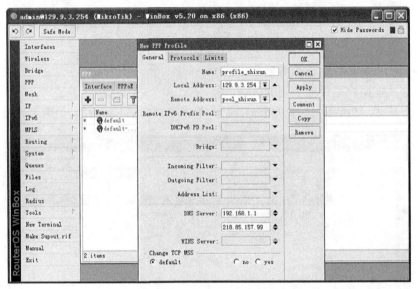

图 8-11　配置 PPP Profiles

（4）选择"PPPoE Servers"，单击 ➕，配置新的 PPPoE 服务器的名字等信息，配置完后单击"OK"，注意，Interface 处选择内网口 ether2，Default Profile 处选择上一步配置的 Profile 名称，如图 8-12 所示。

（5）配置拨号用户的账户和密码：选择"Secrets"，单击 ➕，输入 Name 和 Password，选择 Service 为 PPPoE，Profile 选择为前面建立的 Profile_shixun，单击"OK"，如图 8-13 所示。

步骤 5：配置 NAT（内外网地址转换）。

由于内网使用了私有地址（虽然用的不是私有 IP 地址段，但该地址不是外网统一分配的），需要启用 NAT 实现内外网地址的转换。

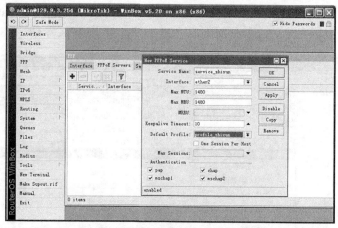

图 8-12　配置新的 PPPoE 服务器相关信息

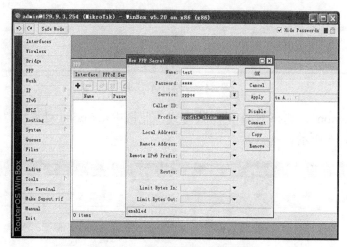

图 8-13　配置拨号用户的账号和密码

（1）单击 IP/Firewall，如图 8-14 所示。

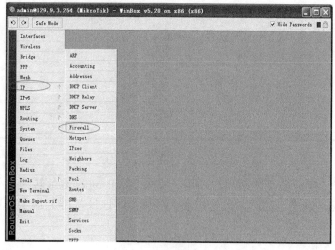

图 8-14　单击 IP/Firewall

（2）单击 ，增加 NAT 规则，选择 "General"。Chain 处选择 "srcnat"（scrnat 意思是源地址转换），Out.Interface 处选择外网网口 "ether8"，单击 "OK"，如图 8-15 所示。

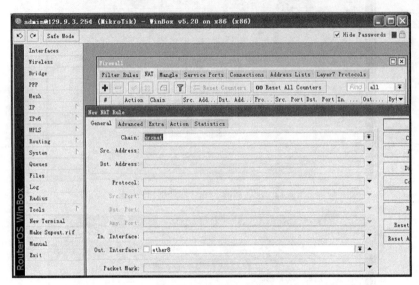

图 8-15　增加 NAT 规则

（3）选择 "Action"，选择 NAT 的转换方式。此例中，Action 处选择 "masquerade"，单击 "OK"，如图 8-16 所示。

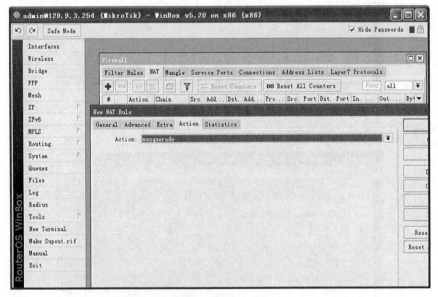

图 8-16　选择 NAT 的转换方式

此例中，当前转换为多个内网用户共用一个外网 IP 进行地址转换出外网，那么这种情况下使用 masqurade 模式。此时，数据包会在外网 IP 地址基础上加上端口号，用端口号来区分不同的内网用户。

步骤 6：配置路由。

（1）单击 IP/Routes，如图 8-17 所示。

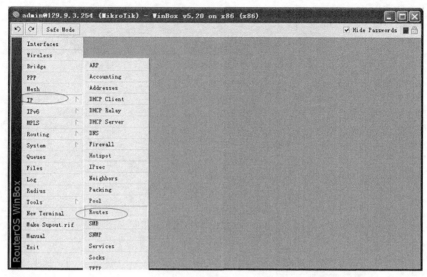

图 8-17　单击 IP/Routes

（2）选择"Routes"，可以看到已有两条路由项，这是为 XF-BAS 配置网卡地址时系统生成的两条默认静态路由，如图 8-18 所示。

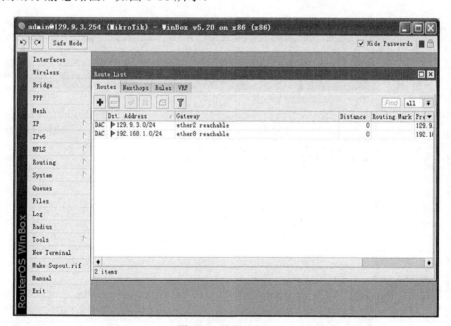

图 8-18　选择 Routes

（3）单击 ，设置新的路由项——为认证服务器配置下一跳的路由。Gateway 处应设置成外网网关（本例为 192.168.1.1），如图 8-19 所示。

（4）单击"OK"后，可以看到增加了一条路由项，如图 8-20 所示。

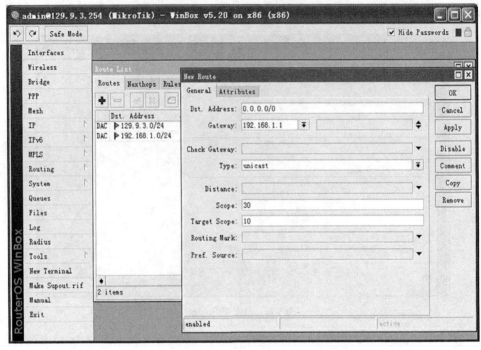

图 8-19　设置新的路由项

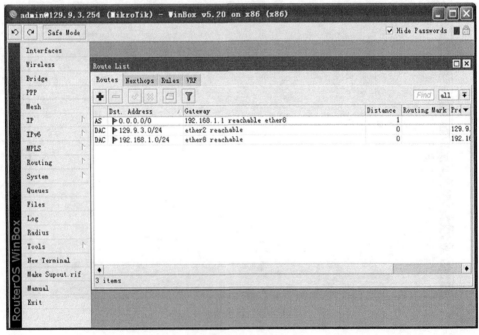

图 8-20　查看路由项

步骤 7：配置 DHCP 服务器。

配置 DHCP 服务器，为拨号后用户动态分配内网 IP 地址。

（1）单击 IP/DHCP Server，如图 8-21 所示。

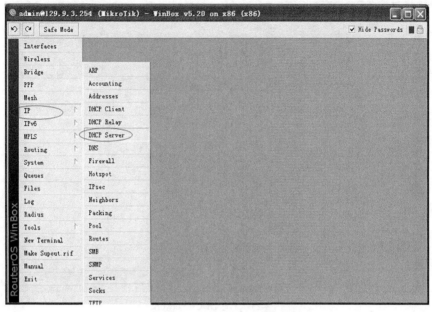

图 8-21 单击 IP/DHCP Server

（2）选择"DHCP"，单击 ➕，新建 DHCP 服务器，配置其名称、接口等信息，单击"OK"。Interface 处选择 ether2（内网接口），如图 8-22 所示。

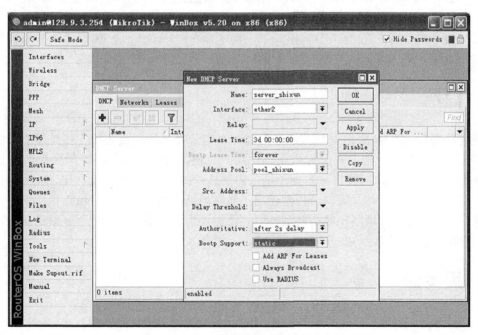

图 8-22 新建 DHCP 服务器

（3）选择"Networks"，单击 ➕，设置网关：Gateway（该网关设置成 XF-BAS 内网 IP 地址 129.9.3.254），设置 Netmask 为 24，设置 DNS Servers 为校园网 DNS，单击"OK"，如图 8-23 所示。

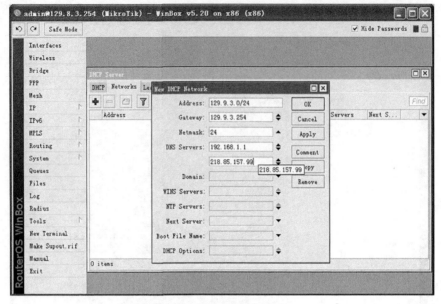

图 8-23　配置 DHCP Network

步骤 8：拨号测试。

（1）参照第 7 章的实训，把 PC 与 ADSL Modem 相连接，打开 ADSL Modem 电源开关，等 ADSL Modem 指示灯正常后，双击 PC 桌面上的"宽带连接"图标，输入用户名"test1"，密码"test"，看能否拨号上校园网。

（2）拨号成功后，在"CMD"模式下，输入命令"ipconfig"，观察该计算机拨号后获得的 IP 地址是否在 129.9.3.2～253/24 网段内。

8.5　总结

通过学习对 XF-BAS 的配置方法，可加深对宽带接入认证设备的工作过程的理解。首先，需要配置 IP 地址池，设置提供给内网用户上网的 IP 地址范围。最关键的是要配置 PPPoE 服务器，指定内网接口、本地地址（内网接口地址）、远程地址（IP 地址池）、DNS 服务器以及用户的账户信息等。若内网使用了私网地址，还需要配置 NAT 以实现内外网地址转换。同时，为了实现用户能访问到外网，还需要为认证服务器配置下一跳的路由。若要实现用户拨号后内网地址动态分配，则还需要配置 DHCP 服务器。

8.6　思考题

8-1　实训中 XF-BAS 的外网接口的 IP 地址是多少？网关地址是多少？

8-2　实训中 XF-BAS 的内网接口的 IP 地址是多少？IP 地址池范围是多少？

8-3　请简述 PPPoE 协议的工作过程。

第四部分

GPON 实训

第 9 章

PON 技术简介

随着"宽带中国"战略的实施,"光进铜退"成为用户接入网的发展趋势,FTTx 已成为接入网网络建设的主要方式。因此,本章重点介绍 PON 的基本组成、拓扑结构、工作原理、应用模式及 3 种 PON 技术的简介与比较。

9.1 PON 的基本组成

在用户接入网建设中,虽然利用现有的铜缆用户网,可以充分发挥铜线容量的潜力,做到投资少,见效快,但从发展的角度来看,要建成一个数字化、宽带化、智能化、综合化及个人化的用户接入网,最理想的形式应该是建成一个以光纤接入为主的用户接入网。

光纤接入网(Optical Access Network,OAN)是采用激光传输技术的接入网,泛指本地交换机或远端设备与用户之间采用光纤通信或部分采用光纤通信的系统。

PON(无源光网络)是目前最主要的光接入技术。无源光网络,顾名思义就是在光网络中不含有任何有源器件,它的光分配网络全部由无源器件组成。信号在无源光网络中不再经过再生放大,由无源光网络分配器将信息直接送给用户。

PON 网络主要由光线路终端(Optical Line Terminal,OLT),光分配网络(Optical Distribution Network,ODN)和光网络单元(Optical Network Unit,ONU)/ 光网络终端(Optical Network Terminal,ONT)3 大部分组成。PON 的系统结构如图 9-1 所示。

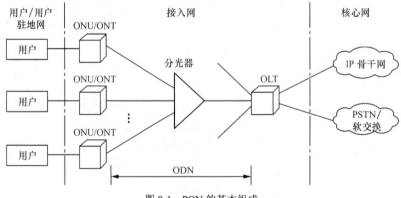

图 9-1 PON 的基本组成

OLT 放置在局端(CO),是整个 PON 系统的核心部件,向上提供与核心网/城域网的高速接口,实现各类业务接入到核心网。ONU/ONT 位于用户端,提供用户侧接口。ONU 和 ONT 的区别在于:ONU 下挂网络,ONT 直接下挂用户 PC。本书中若无特别需要,两种设备一律统称为 ONU。ODN 在 OLT 和 ONU 之间建立光传输通道,完成光信号功率分配等功能,ODN 主要由一系列的光缆、光缆连接设备及分光器/光合路器组成,这些设备都是无源的。所谓的无源光网络,实际上就是指在 ODN 中不含有任何有源器件。

PON 本身是一种 P2MP(点到多点)的光接入网络,属于多用户共享系统,即多个用户共享同一套设备、同一条光缆和同一个光分路器,所以成本低。与有源光网络相比,它在传输过程中不需电源,没有电子器件,铺设容易,维护简单,可以节省大量的长期运营成本和管理维护成本。相对于铜线接入技术,PON 是纯介质网络,彻底避免了电磁干扰和雷电影响,减少了线路和外部设备的故障率,极适合在自然条件恶劣的地区使用。最重要的是,PON 可以提供非常高的带宽。目前 EPON 可以提供上下行对称的 1.25Gbit/s 的带宽,并且随着以太网技术的发展可以升级到 10Gbit/s。GPON 则可提供高达 2.5Gbit/s 的带宽。因此,PON 接入网具有广阔的应用前景。

9.2 PON 的拓扑结构

光纤接入网的拓扑结构是指传输线路和节点之间的结构,是网络中各节点的相互位置与连接的布局情况。在光纤接入网中,ODN 可采用的基本拓扑结构有:树型、总线型、环型,如图 9-2 所示。不同的拓扑结构有不同的使用范围,各有其特有的优点和缺点。在实际应用中,依据具体情况,选用一种或多种结构。

1. 树型结构

如图 9-2(a)所示,从 OLT 的 PON 口引出一根光纤连接分光器,再通过分光器物理地分成若干条光纤分支连接 ONU,分光器可级联形成多级分光。我们称这种结构为树状结构,它是 PON 中最常用的拓扑形式。

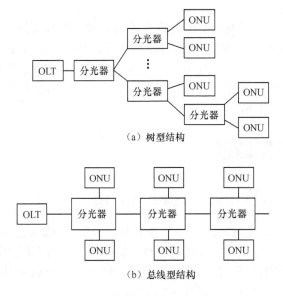

(a)树型结构

(b)总线型结构

图 9-2 PON 的拓扑结构

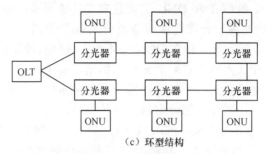

（c）环型结构

图 9-2　PON 的拓扑结构（续）

这种结构的特点在于：它实现了光信号的透明传输，组网、线路维护都非常容易；不存在雷电及电磁干扰，可靠性高；用户可共享一部分光设施。

但是，由于每一级的分光器在分光的过程中，必然会造成光功率的损耗（我们称之为插入损耗，简称插损），因此在实际组网时必须综合考虑分光器的分光比、级联的分光器个数以及光信号的传输距离，以保证到达 ONU 的光信号功率在其正常接收范围之内。

2．总线型结构

如图 9-2（b）所示，下行方向上，分光器负责从光总线中分出 OLT 传输的光信号。上行时，每个 ONU 传出的光信号通过分光器/光合路器插入到光总线上，传输到 OLT 中，这种结构中的各个分光器沿线状排列。

由于光纤线路上存在损耗，使得在靠近 OLT 和远离 OLT 处接收到的光信号强度差别很大，因此，通常比较适合应用非均匀分光器，以保障下级 ONU 得到足够的光功率。这种结构适用于用户沿街道、公路等呈线状分布的场合。

3．环型结构

环型结构中所用的器件以及信号的传输方式与总线型结构类似，只是光分配网络可以从两个不同的方向通往 OLT，形成可靠的自愈环状网，其可靠性优于总线型结构。但是，受到历史条件、地理环境、经济发展状况、工程成本、用户分布情况等因素的限制，环型结构的实现会非常复杂，用户成本比较高，接入用户比较少，传输损耗大，因此在现网中很少采用。具体结构如图 9-2（c）所示。

9.3　PON 的工作原理

1．PON 系统采用 WDM 技术，实现单纤双向传递

通常，OLT 与每个分光器之间、每个分光器与每个 ONU 之间均采用一条光纤传递。OLT 到 ONU 的方向为下行方向，反之为上行方向。为了实现在同一根光纤上同时进行双向信号传输，PON 采用了波分复用（WDM）技术，即上下行分别采用不同的波长传递信号，上行用 1310nm，下行用 1490nm，如图 9-3 所示。

2. 数据复用技术

为了分离同一根光纤上多个用户的来去方向的信号，采用以下两种复用技术：下行方向采用广播技术，上行方向采用 TDMA 技术。

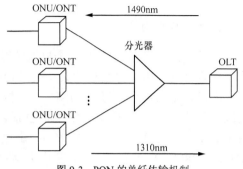

图 9-3 PON 的单纤传输机制

在下行方向，PON 是一个点到多点的网络。ODN 中的分光器只具有物理分光的作用，因此，从 OLT 经馈线光纤到达分光器的分组会被分成 N 路独立的信号输出到若干条用户线光纤上，形成一种广播的传输方式。虽然所有的 ONU 都会收到相同的数据，但由于每个分组携带的分组头唯一标识了数据所要到达的特定 ONU，当 ONU 接收到分组时，仅提取属于自己的数据包，如图 9-4 所示。

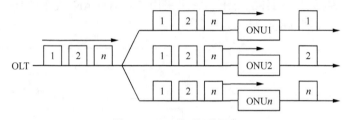

图 9-4 PON 的下行数据流

在上行方向，由于无源光合路器的方向属性，从 ONU 来的数据帧只能到达 OLT，而不能到达其他 ONU。从这一点来说，上行方向的 PON 网络就如同一个点到点的网络。然而不同于其他的点到点网络，其在上行方向是多个 ONU 共享干线信道容量和信道资源，来自不同 ONU 的数据帧可能会发生数据冲突。为了避免多个 ONU 同时上传数据造成数据碰撞，上行方向采用时分多址（Time Division Multiple Access，TDMA）方式，由 OLT 给每个 ONU 分配上传数据所用的时隙。不同的 ONU 所用的时隙是不同的，每个 ONU 只能在指定的时隙内上传信息，如图 9-5 所示。

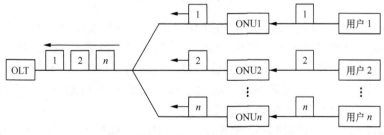

图 9-5 PON 的上行数据流

9.4 PON 的应用模式

根据 ONU 靠近用户的不同，我们可以把 PON 网络的应用模式分为光纤到路边（Fiber

To The Curb，FTTC）、光纤到户（Fiber To The Home，FTTH）、光纤到大楼（Fiber To The Building，FTTB）、光纤到办公室（Fiber To The Office，FTTO）等类型。其中 FTTC 和 FTTB 两种方式往往需要和 xDSL 或者局域网（LAN）技术相结合使用。

1. FTTB 应用模式

光纤到大楼（FTTB）是一个典型的宽带光接入网络应用，其特征是：ONU 直接放置在居民住宅公寓或单位办公楼的某个公共地方，ONU 下行采用其他传输介质（如现有的金属线或无线）接入用户，每个 ONU 可支持数十甚至上百个用户的接入。ONU 用户侧可提供铜线和五类线接口，接口类型主要包括以太网、普通老式电话业务（Plain Old Telephone Service，POTS）、非对称数字用户环路（Asymmetric Digital Subscriber Line，ADSL/ADSL2$^+$）、甚高速数字用户环路（Very-high-bit-rate Digital Subscriber loop，VDSL/VDSL2）等。

这种方式光纤线路更加接近用户，适合高密度用户区，但由于 ONU 直接放置在公共场合，也对设备的管理提出了额外的要求。它多采用 FTTB+LAN 或 FTTB+xDSL 的方式来实现用户业务的接入，如图 9-6 所示。

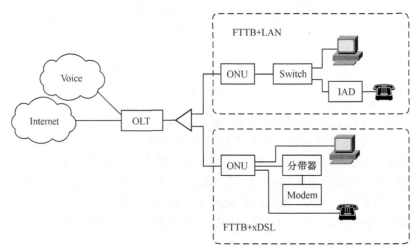

图 9-6　FTTB 的应用模式图

（1）FTTB+xDSL。将光纤端接点设在楼层（高层楼宇）或楼道（多层建筑），ONU 采用 DSLAM 设备。该设备在网络侧提供 PON 上联口，用户侧采用 xDSL 接口并通过双绞线接入用户。这种接入方式利用现有铜缆资源，具有较好的经济性，也促进了光纤向用户的靠近，常用于老城区改造"光进铜不退"场合。用户虽然仍采用原有 xDSL 接入方式，但 DSLAM 设备下移到用户端，可解决宽带提速问题。

（2）FTTB+LAN。光纤端接点设在楼层（高层楼宇）或楼道（多层建筑），由 ONU 终结光信号，并能够提供多个以太网接口，以便用户的接入。由于以太网五类线的距离限制，这种方式的实现需要保证 ONU 到终端用户的走线距离不超过 100m。

2. FTTC 应用模式

在不具备 FTTB 应用条件的情况下，可选择此种应用模式；一般情况下，用于"光进铜不退"的宽带提速场合。ONU 设置在路边交接箱或配线盒处，从 ONU 到用户这段传输仍旧使用普通电话双绞线或同轴电缆。FTTC 常和 xDSL 或者 Cable Modem 技术组合使用，为用户提供宽带业务。但是 FTTC 存在室外有源设备，这样的特性对网络和设备的维护、运营提出了更高的要求。

3. FTTH 应用模式

FTTH 结构中，ONU 直接放置于用户家中，用光纤传输介质连接局端和家庭住宅，每个家庭独享 ONU 终端。在物理网络构成上，OLT 与 ONU 之间全程都采用光纤传输，实现了全光网络。此时的 ONU 又称为 ONT，直接提供用户侧接口连接到用户家庭网络，可实现丰富的业务接入类型，主要包括语音、数字家庭、宽带上网（可选有线和无线方式）、IPTV 视频、有线电视（Community Antenna Television，CATV）视频等，如图 9-7 所示。

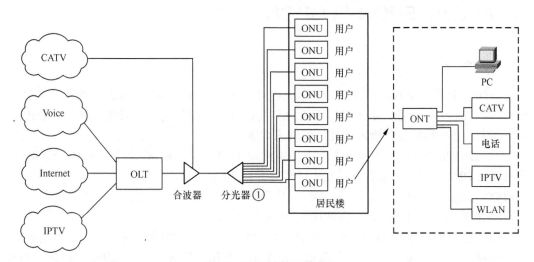

图 9-7 FTTH 的应用模式图

FTTH 真正实现了光纤接入，是实现综合业务接入的理想方案。自 2013 年 4 月 1 日起，为全面贯彻《国民经济和社会发展第十二个五年规划纲要》、《"十二五"国家战略性新兴产业发展规划》以及国务院关于加快宽带中国建设的要求，住房城乡建设部发布了《住宅区和住宅建筑内光纤到户通信设施工程设计规范》及《住宅区和住宅建筑内光纤到户通信设施工程施工及验收规范》两项国家标准，要求在公用电信网已实现光纤传输的县级及以上城区，新建住宅区和住宅建筑的通信设施应采用光纤到户方式建设，同时鼓励和支持有条件的乡镇、农村地区新建住宅区和住宅建筑实现光纤到户。中国政府网在 2013 年 8 月 1 日公布《国务院关于印发"宽带中国"战略及实施方案的通知》，通知要求，到 2013 年年底，无线局域网基本实现城市重要公共区域热点覆盖。到 2015 年，基本实现城市光纤到楼入户，农村宽带进乡入村，部分发达城市宽带接入能力达到 100Mbit/s。到 2020 年，发达城市部分家庭用户可达 1 吉比特每秒（Gbit/s）。因此，FTTH 已成为各运营商目前主要采用的有线接入网的接入技术。

各种光纤接入网网络结构参数对比如表 9-1 所示。

表 9-1   各种光纤接入网网络结构参数对比

类　　型	网　络　结　构		
	FTTC	FTTB	FTTO/FTTH
ONU 放置点	路边入孔、电线杆上的分线盒或交接箱	用户大楼内部	用户家中或办公室中
接入方式	FTTC+xDSL、FTTC+局域网	FTTB+xDSL、FTTB+局域网	FTTO 或 FTTH 直接到户
优点	将光纤推进用户，同时充分利用现有的铜线设施，经济性好	更进一步将光纤推进用户，适合单位和密集小区用户的接入	实现全透明网络，提供最大的可用带宽，光纤传输不受外界干扰，可以避免雷击，降低成本
缺点	设备存放在户外，并需要供电，对维护和运行提出了更高的要求	ONU 直接放置在公共场合，对设备管理要求严格	受到接入网"最后一千米"的限制，投入成本高，回收缓慢

9.5 APON、EPON 与 GPON

1. APON 技术

在 PON 中采用 ATM 技术，就称为 ATM 无源光网络（ATM-PON，简称 APON）。APON 将 ATM 的多业务、多比特速率能力和统计复用功能与无源光网络的透明宽带传送能力结合起来，是一种解决"接入瓶颈"的理想方案。

基于 ATM 的 PON 接入网主要由光线路终端 OLT（局端设备）、光分路器（Splitter），光网络单元 ONU（用户端设备）以及光纤传输介质组成。

APON 系统结构中，从 OLT 往 ONU 传送下行信号时采用时分复用 TDM 技术，ONU 传送到 OLT 的上行信号采用时分多址接入 TDMA 技术。

APON 上、下行信道都是由连续的时隙流组成。下行每时隙宽为发送一个信元的时间，上行每时隙宽为发送 56 字节（一个信元再加 3 字节开销）的时间。按 G.983.1 建议，APON 采用两种速率结构，即上下行均为 155.520Mbit/s 的对称帧结构和下行 622.080Mbit/s、上行 155.520Mbit/s 的不对称帧结构。

最早的窄带无源光网络是基于 TDM 技术的，但是它的性价比不好，已经逐步被淘汰。直到 1997 年 FSAN（全业务接入网）提出 ITU-T 的标准，即物理层采用 PON 技术，链路层采用 ATM 技术，上下行速率为 155Mbit/s 的 APON。后来有关规范又被修正为两种，上行 155Mbit/s 和下行 622Mbit/s 的不对称传输系统和上下行都为 622Mbit/s 的对称传输系统，即被称为 BPON（Broadband PON）。

APON 的接入非常灵活，因为它结合了 ATM 多业务多比特率支持能力和 PON 的透明宽带传输能力。APON 的传输距离最大可达 20km，其支持的光分路比在 32～64。

APON 技术具备综合业务接入、QoS 服务质量保证等独有的特点，并且其标准化时间较早，已有成熟商用化产品。但是由于 APON 的二层采用的是 ATM 封装和传送技术，因此存在带宽不足、系统相对复杂、价格较贵、承载 IP 业务效率低等问题，未能取得市场上的成功。

2. EPON 技术

APON/BPON 存在很多缺点，因此它在市场上没有很好地发展下去。为了更好地适应 IP 业务，IEEE 802.3 在 2000 年 11 月提出了用以太网取代 ATM 的 PON 技术，最终在 2005

年并入 IEEE 802.3ah-2005 标准。

EPON 是以太网（Ethernet）和 PON 技术两种技术相结合的产物。它的技术思路与 APON 相似，其物理层仍然使用 PON 技术，但链路层采用以太网帧代替 ATM 帧，构成可以提供更大带宽、更低成本、更宽带宽业务能力的结合体。从 EPON 的结构上看，其关键是消除了复杂而昂贵的 ATM 和 SDH 网元，因而极大地简化了传统的多层重叠网络结构，也消除了多层网络结构的一系列弱点。因此，EPON 技术是目前 FTTH 领域为用户提供光纤接入的最为经济有效的方式，在中国有巨大的应用市场。

3．GPON 技术

ITU-T 提出 GPON 技术的最大原因，是由于网络 IP 化进程加速和 ATM 技术的逐步萎缩，导致基于 ATM 技术的 APON/BPON 技术在商用化和实用化方面严重受阻，迫切需要一种高传输速度，适宜 IP 业务承载，同时具有综合业务接入能力的光接入技术。在这样的背景下，ITU-T 以 APON 标准为基本框架，重新设计了新的物理层传输速率和传输汇聚（Transmission Convergence，TC）层，推出了 GPON 技术和相关标准。GPON 保留了 APON 的优点，与 APON 有很多的共同之处。同时 GPON 具备了比 APON 更加高效高速的优势，它为用户提供从 622.080Mbit/s 到 2.5Gbit/s 的可升级框架结构，且支持上下行不对称速率，支持多业务，具有电信级的网络监测和业务管理能力，提供明确的服务质量保证和服务级别。

虽然，目前 GPON 的商用规模不及 EPON，但是，随着近年来网络应用对高带宽、高服务质量的强烈需求，GPON 以其高速、大容量传输信息、提供服务质量保证 QoS 等优点，受到市场的高度关注和研究。所以，研究 GPON 的关键技术和业务实现方法，无论是从技术发展，还是商业应用角度讲，都有很重要的现实意义，在中国有巨大的应用市场，并具有其他两种 PON 技术所不具备的一些优势，正逐步成为 PON 技术的主流，因此本书重点讲述 GPON 技术及实训。

4．APON、EPON 和 GPON 的比较

APON、GPON、EPON 作为现在的主要的光纤接入网技术，都具有 PON 技术的优势，同时也有着各自不同的技术特点。

从帧结构看，APON 的传输基于 ATM 帧的传输，EPON 是基于 Ethernet 帧结构格式的封装，而 GPON 是在传统 ATM 封装基础上进一步采用了通用成帧协议（Generic Framing Protocal，GFP）封装，实现多种业务流的通用成帧规程规范。

从协议的角度看，APON 在与 IP 网络连接的过程中，要进行 ATM 协议和 IP/Ethernet 协议之间的转换。EPON 由于本身就采用了 IP/Ethernet 相同的 Ethernet 协议，不需要进行协议转换；GPON 对各种协议进行透明传输，也不需要进行协议转换。

在支持业务方面，GPON 采用 GFP，可以将任何类型、任何速率的业务按原来的格式进行封装后，经过 PON 传输；而 EPON 采用单一的、基于以太网的帧结构，缺少支持除了以太网以外的业务能力，处理 TDM 时会产生 QoS 问题；APON 可以为其所提供的业务给予较好的 QoS。

另外，GPON 无论在传输的扰码效率，还是传输汇聚层效率、承载协议效率和业务适配效率都非常高，所以它具有最高的总效率。具体数值在表 9-2 中可以查阅。APON 能够提供完备的 OAM 功能，但是带宽有限且扩展复杂，EPON 缺乏 OAM 功能，只有 GPON 技术具

有更丰富的业务管理和带宽管理。但是 GPON 相对成本较高。相比之下，EPON 技术是一项性价比较高的接入网技术。

表 9-2　　　　　　　　　　　　　　　3 种 PON 技术的参数对比

技　术	APON	EPON	GPON
标准	ITU-T G.983	IEEE 802.3ah	ITU-T G.984
数据链路层协议	ATM	Ethernet	ATM/GFP
数据速率 （bit/s）	下行 622M 或 155M 上行 155M	下行 1.25G 上行 1.25G	下行 1.25G 或 2.5G 上行 155M、622M、1.25G 或 2.5G
封装效率	低	较高	高
TDM 支持	TDM over ATM	TDM over Ethernet	直接承载
分光比	取决于光功率预算	取决于光功率预算	取决于光功率预算
逻辑传输距离（km）	20	20	60
优点	QoS 保证，支持实时业务	技术简单，速率高	速率高，支持多种业务，OAM 功能强大
不足	不适应网络向 IP 发展的趋势，升级困难	协议开销占带宽（1.25Gbit/s）的 25%	价格略高

9.6　总结

（1）本章对 PON 技术进行了介绍。PON 因其抗干扰能力强、投资和维护成本低、高带宽等优势，成为了当前最主流的有线接入技术。PON 由 OLT、ONU（ONT）以及 ODN 组成。它的拓扑结构主要包括树型、总线型和环型 3 种，其中，树型结构最常使用。在 PON 系统中，为实现单纤双向传递，采用了 WDM 技术；为了分离同一根光纤上多个用户的来去方向的信号，下行方向采用广播技术，上行方向采用 TDMA 技术。

（2）对 3 种 PON 技术——APON、EPON 和 GPON 进行了比较。它们具有相同的拓扑结构，但使用了不同的链路层协议。APON 由于基于 ATM 技术使得它在网络 IP 化进程中其市场严重萎缩；EPON 将以太网技术与 PON 相结合，作为一种经济有效的接入方式被市场广泛接受；GPON 保留了 APON 的优点，并支持多业务承载，正逐步成为 PON 技术的主流。中国市场仅使用了 EPON 和 GPON。

9.7　思考题

9-1 PON 技术有哪些优势？

9-2 简述 PON 系统的基本组成及各部分的功能。

9-3 在采用 WDM 技术的 PON 系统中，下行方向和上行方向的波长分别是多少？为了分离同一根光纤上多个用户的来去方向的信号，下行方向采用什么技术？上行方向采用什么技术？

9-4 PON 有哪几种拓扑结构？

9-5 简述 FTTB、FTTC 各自适合哪些场合？

9-6 比较 APON、EPON 和 GPON 的异同。

第 10 章

GPON 实训预备知识

由上一章知道，GPON 具有吉比特高速率、高效率、承载业务能力强和扩展性好等关键优势，是目前各运营商建设 PON 网络主要采用的技术之一。本章主要内容是 GPON 的一些关键技术及华为公司 GPON 产品的介绍，为后续的 GPON 实训做个知识铺垫。

10.1 GPON 关键技术

10.1.1 GPON 协议栈

1. GPON 协议栈

GPON 系统的协议栈如图 10-1 所示，主要由物理媒质相关（Physical Media Dependent，PMD）层和 GPON 传输汇聚（Transmission Convergence，TC）层组成。

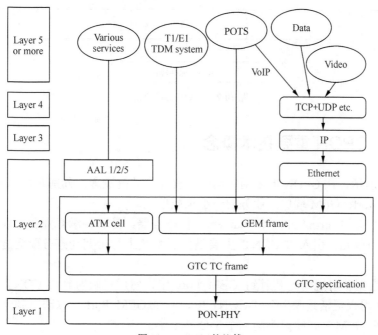

图 10-1　GPON 协议栈

（1）PMD 层

GPON 的 PMD 层对应于 OLT 和 ONU 之间的光传输接口（也称为 PON 接口），其具体参数值决定了 GPON 系统的最大传输距离和最大分光比。OLT 和 ONU 的发送光功率、接收机灵敏度等关键参数主要根据系统支持的 ODN 类型来进行划分。

（2）TC 层

传输汇聚（Transmission Convergence，TC）层（也称为 GTC 层）是 GPON 的核心层，主要完成上行业务流的媒质接入控制和 ONU 注册这两个关键功能。GTC 层包括两个子层：GTC 成帧子层和 TC 适配子层。GTC 层可分为两种封装模式：ATM 模式和 GEM 模式，目前 GPON 设备基本都采用 GEM 模式。

2．GPON 标准协议

如图 10-2 所示，GPON 的标准协议历经了 4 个版本，分别是 ITU-T 6.984.1/2/3/4。

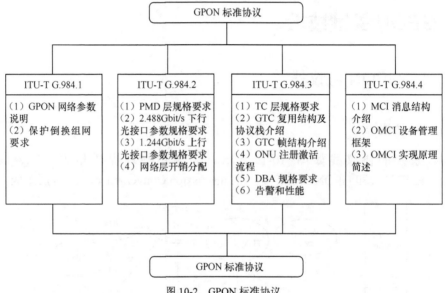

图 10-2　GPON 标准协议

10.1.2　GPON 重要技术概念

如图 10-3 所示，在 GPON 的复用结构中，有几个关键概念，分别介绍如下。

（1）GEM Port：GEM 端口，业务的最小承载单位。

（2）T-CONT：Transmission Containers，传输容器，是一种承载业务的缓存，主要用来传输上行数据的单元。引入 T-CONT 主要是为了解决上行带宽动态分配问题，以提高线路利用率。

（3）业务根据映射规则先映射到 GEM Port 中，然后再映射到 T-CONT 中进行上行传输。GEM Port 可以灵活地映射到 T-CONT 中，一个 GEM Port 可以映射到一个 T-CONT 中去，也可以多个 GEM Port 映射到同一个 T-CONT 中。

（4）一个 ONU 的 GPON 接口中可以包含一个或多个 T-CONT。

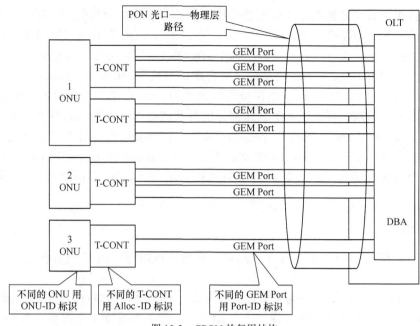

图 10-3　GPON 的复用结构

1. GEM Port

（1）每个 GEM 端口承载一种业务流，GPON Encapsulation Method（GEM）帧在 OLT 和 ONU/ONT 之间传送，每个 T-CONT 包含一个或多个 GEM Port。

（2）每个 GEM Port 由一个 Port-ID 唯一标识。Port-ID 取值范围为 0～4095，由 OLT 分配。所以，一个 GEM Port 只能被一个 PON 口下的一个 ONU/ONT 使用。

2. 4 种类型带宽

GPON 标准沿用了 BPON 中对 QoS 支持的规定。ITU-T 在 BPON 标准 G.983.4 和 GPON 标准 G.984.3 中明确地提出了 4 种优先级别的带宽。它们分别是固定类型（Fixed）、确保类型（Assured）、非确保类型（Not-assured）和尽力而为类型（Best-effort 也称 max）4 种类型的带宽。同时，作为 GPON 系统中上行带宽分配基本单元的 T-CONT 则按照其使用的带宽类型组合一共分为 5 种类型。这是动态带宽分配（Dynamically Bandwidth Assignment，DBA）研究的重点，清晰地认识到各种带宽资源的特性对理解 T-CONT 的适用范围有重要意义。4 种带宽的特性如表 10-1 所示。

表 10-1　　　　　　　　　　　　　　　　4 种宽带的特性

宽带类型	时延敏感性	优　先　级
Fixed	是	最高
Assured	否	次之
Not-assured	否	再次
Best-effort	否	最低

从表 10-1 中可以看出，只有 Fixed 类型的带宽可以传输延时要求严格的数据，比如语

音业务等。各类型带宽之间的相对优先级顺序，暗示了带宽的分配顺序。其中，Fixed 类型的带宽最早被分配，分配给某个 T-CONT 后，在这个 T-CONT 对应的时间段内，即使这个 T-CONT 没有数据，这个时间段也会留给这个 T-CONT。这部分带宽被分配后，即使没有数据可传，也保持固定不变。Fixed 类型的带宽分配后紧接着分配的是 Assured 类型的带宽，也就是说只要有数据要发送，而且也在带宽的范围内，OLT 总是会满足的，但是如果这个 T-CONT 没有太多的数据要发送，那么这部分的带宽就可以拿来给别的需要带宽的 T-CONT 来使用。在 Fixed 和 Assured 的带宽分配后，OLT 还有剩余带宽，OLT 可考虑把它们分配给 Not-assured 类型和 Best-effort 类型的带宽。不过 Not-assured 比 Best-effort 的优先级要高，就是说如果有剩余带宽，Not-assured 将会首先得到满足，如果还有剩余带宽，那才会轮到 Best-effort。

3. T-CONT

（1）GPON 使用 T-CONT 实现业务汇聚，它是 GPON 系统中上行业务流最基本的控制单元。

（2）一个 T-CONT 对应一种带宽类型的业务流。每种带宽类型有自己的 QoS 特征。

（3）QoS 特征主要体现在带宽保证上。T-CONT 有 5 种带宽类型模板：Typel、Type2、Type3、Type4、Type5，具体的类型及其之间的关系如表 10-2 所示。

（4）每个 ONU 上可以有多个 T-CONT，每个 T-CONT 可以绑定多个 GEM Port。

（5）T-CONT 动态接收 OLT 下发的授权，用于管理 PON 系统传输汇聚层的上行带宽分配，改善 PON 系统中的上行带宽。

（6）T-CONT 工作时一定要绑定相应的 DBA 模板。

表 10-2   T-CONT 类型及承载的宽带类型

分配的宽带类型		T-CONT 类型				
		Type 1	Type 2	Type 3	Type 4	Type 5
优先级别	保证带宽	Fixed bandwidth	√				√
		Assured bandwidth		√	√		√
	额外带宽	Not-assured bandwidth			√		√
		Best-effort bandwidth				√	√

4. 关于 DBA

GPON 在上行方向多个 ONU 共享传输介质，所以必须采取一定的业务带宽调度方案进行控制。GPON 一般采用动态带宽分配 DBA（Dynamically Bandwidth Assignment）方式。GPON 系统的动态带宽分配模式有两种：一种是 ONU 向 OLT 报告自己的状态及所需的带宽，OLT 根据上报的数据对 ONU 进行动态带宽分配；另一种是 ONU 不需要向 OLT 报告需要的带宽，OLT 具有流量监测功能，可以自动动态分配带宽。

DBA 能在微秒或毫秒级的时间间隔内完成对上行带宽的动态分配机制；利用 DBA 机

制，可以提高 PON 端口的上行线路带宽利用率；可以在 PON 口上增加更多的用户；用户可以享受到更高带宽的服务，特别是那些对带宽突变比较大的业务；在进行业务配置时，创建 DBA 模板是为了 T-CONT 的引用，如果 T-CONT 没有引用，所创建的 DBA 没有任何意义。

DBA 功能的实现机制主要包括以下几个部分。

（1）OLT 或 ONU 进行拥塞检测。

（2）向 OLT 报告拥塞状态。

（3）按照指定参数更新 OLT 分配带宽。

（4）OLT 按照新分配的带宽和 T-CONT 类型发送授权。

（5）DBA 操作的管理。

DBA 的实现过程如图 10-4 所示。

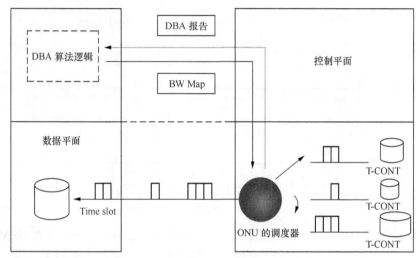

图 10-4　DBA 实现过程

（1）OLT 内部 DBA 模块不断收集 DBA 报告信息，进行相关计算，并将计算结果以 BW Map 的形式下发给各 ONU。

（2）各 ONU 根据 BW Map 信息在各自的时隙内发送上行突发数据，占用上行带宽。

10.1.3　GPON 帧结构

有了 GEM Port、T-CONT 和 DBA 的概念后，对于 GPON 的帧结构就容易理解了。

GPON 的物理层是定长的 TDM 帧 125us，不论是上行帧，还是下行帧。

1. 下行帧结构

在图 10-5 所示的下行帧结构中，PCBd 为下行物理层控制块，提供帧同步、定时及动态带宽分配等 OAM 功能；GPON 下行数据帧的帧头 PCBd 的 Upstream BW Map 字段（见图 10-6）就是用于对 ONU 发送数据进行授权，以实现上行带宽分配。该字段指示哪个 T-CONT 何时开始发送数据，何时停止发送数据（T-CONT 的概念见 10.1.2 小节。一个 ONU 可以对应一个或多个 T-CONT）。这样，在正常情况下，上行方向的任意时刻都只有一个 ONU 在发送数据。对上行帧的授权是每个帧都要进行的，即使没有下行数据也要发空下行帧来对上行帧进行授权。

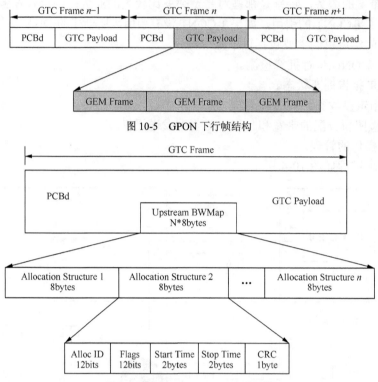

图 10-5 GPON 下行帧结构

图 10-6 Upstream BW Map 字段结构

每个下行帧的净荷部分 Payload 部分中包含了很多个 GEM 的帧，每个 GEM 帧的帧头中包含有 Port-ID 的地址信息。收到下行帧后，每个 ONT 先处理帧头 PCBd，然后取出净荷部门属于自己的 Port-ID 的 GEM 的帧。

2. 上行帧结构

上行帧结构如图 10-7 所示。每帧包括一个或多个 ONU 的传输。在 GPON 的下行帧的BW Map 字段指示了这些传输的组织形式。在每个分配时期，在 OLT 的控制下，ONU 能够传送 1～4 种类型的 PON 开销和用户数据。这 4 种开销类型如下所示。

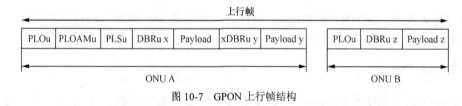

图 10-7 GPON 上行帧结构

（1）物理层开销（PLOu）：用于突发传输同步。其长度由 OLT 在初始化 ONU 时设置，ONU 在占据上行信道后首先发送 PLOu 单元，以使 OLT 能够快速同步并正确接受 ONU 的数据。

（2）上行物理层操作、维护和管理（PLOAMu）：用于承载上行 PLOAM 信息，包含ONU-ID、Message 及 CRC。

（3）上行功率控制序列（PLSu）：功率测量序列，用于调整光功率。

（4）上行动态带宽报告（DBRu）：用于上行带宽报告。

OLT 通过 BW Map 字段指示每个分配中是否传送 PLOAMu、PLSu 或 DBRu 信息。

在上行帧中，Payload 域用于填充 ATM 信元或者 GEM 帧。

10.1.4　GEM 帧结构

GPON 的上行帧或下行帧的 Payload 字段携带一个或多个 GEM 帧，下面对 GEM 帧结构进行讲述。

GEM 帧结构如图 10-8 所示。

PLI	Gem Port ID	PTI	HEC	Payload

图 10-8　GEM 帧

GEM 帧由 5 字节的帧头和若干字节的净荷组成。GEM 帧头包括以下 4 个部分。

（1）净荷长度指示（Payload Lendth Indicator，PLI）：用于指示净荷的字节长度。由于 GEM 块是连续传输的，所以 PLI 可以视作一个指针，用来指示并找到下一个 GEM 帧头。PLI 由 12bit 组成，所以后面的净荷最大字节长度是 4095 个字节。如果数据超过这个上限，GEM 将采用分片机制。

（2）端口 ID（Port-ID）：12bit，可用来提供 4096 个不同的业务流标识，以实现业务流的复用。每个 Port-ID 包含一个用户业务流。在一个 Alloc-ID 或 T-COUN 中可以包含一个或多个 Port-ID 传输。

（3）净荷类型指示（Payload Type Indicator，PTI）：PTI 由 3bit 组成，最高位指示 GEM 帧是否为 OAM 信息，次高位指示用户数据是否发生拥塞，最低位指示在分片机制中是否为帧的末尾，当为 1 时表示帧的末尾。

（4）HEC（Head Error Check）：13bit，提供 GEM 帧头的检错和纠错功能。

10.2　华为 GPON 产品介绍

现在我国各大电信运营商都在大力建设自己的 PON 网络，争夺接入网市场份额。本实训项目选用在市场上有大量应用的华为 GPON 产品作为实训设备，旨在让学生与最主流的接入技术接触，加深对 GPON 网络理论知识的理解，提高实践操作能力。

在构建一个 GPON 网络时，需要对设备及设备的接口进行了解，特别是作为 GPON 系统的初学者，为了尽快掌握相关设备的操作和使用，首先应该了解这些设备的接口及硬件连接，下面对实训中涉及的 OLT、ONU 设备进行介绍。

10.2.1　OLT 设备——MA5683T 简介

1. GPON-MA5683T 产品介绍

SmartAX MA5683T 光接入设备是华为技术有限公司推出的 EPON/GPON 一体化中规格

接入产品，产品定位如下。

（1）可以作为 EPON/GPON 系统中光线路终端（Optical Line Terminal，OLT）设备，与终端光网络单元（Optical Network Unit，ONU）设备配合使用。

（2）满足光纤到户（Fiber To The Home，FTTH）、光纤到楼（Fiber To The Building，FTTB）、光纤到路边（Fiber To The Curb，FTTC）、基站传输、IP 专线互连等组网需求。

2. GPON-MA5683T 硬件结构

MA5683T 的外观及设备板位如图 10-9 所示。

MA5683T 的单板类型主要包括：GPON 业务板、主控板和上联板，如图 10-10 所示。GPON 业务板实现 PON 业务接入和汇聚，与主控板配合，实现对 ONU/ONT 的管理。主控板负责系统的控制和业务管理，并提供维护串口与网口，以方便维护终端和网管客户端登录系统。上联板上行接口上行至上层网络设备，它提供的接口类型包括：GE 光/电接口、10GE 光接口、E1 接口和 STM-1 接口。

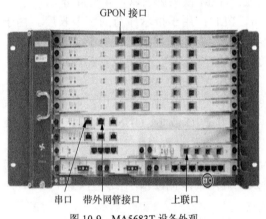

图 10-9　MA5683T 设备外观　　　　　图 10-10　MA5683T 设备板位功能图

MA5683T 的前面板共包括 13 个槽位，分别编号为 0～12。其中，0～5 号槽位可放置 GPON 业务板，6、7 号槽位放主控板，8、9 号槽位放上联板。MA5683T 的各种单板采用"机框编号/槽位编号/端口编号"的格式，设备默认机框号为 0，端口编号也是从 0 开始。例如，0 框 9 槽位第一个端口应写为 0/9/0，0 框 0 槽位的第一个端口应写为 0/0/0。

3. GPON-MA5683T 管理方式

用户可以采用串口或者 Telnet（网口）方式登录 MA5683T 系统，对系统进行管理与维护（登录用户名：root，密码：admin）。

（1）串口方式。用串口线与 GPON-MA5683T 设备进行通信，通信软件可使用 Windows 操作系统下的超级终端工具进行。串口终端环境的建立可通过将 PC 串口通过标准的 RS-232 串口线与 GPON-MA5683T 的主控板上的串行口 CON 口相连接再进行相关参数配置即可，如图 10-11 所示。

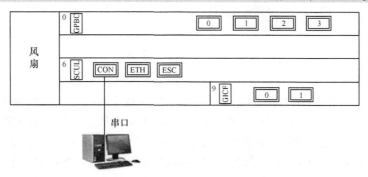

图 10-11　MA5683T 设备串口管理方式

（2）带外网管方式。首先，通过超级终端成功登录 GPON-MA5683T，在 GPON-MA5683T 上配置主控板上的带外网口地址（默认为 meth 0），然后用网线将 PC 网口与 GPON-MA5683T 的主控制板上的带外网管接口 eth 口相连接，并将 PC 的 IP 地址设成与带外网管地址在同一网段，在 PC 上 ping 带外网管地址，ping 通后即可用 Telnet 登录。

10.2.2　ONU 设备——HG850a 简介

ONU 设备主要分为两类。具有多个以太网接口、实现 FTTB 接入的 ONU 称作多住户单元（Multi-Dwelling Unit，MDU）；具有少量以太网接口、实现 FTTH 接入的 ONU 称作 ONT。在此次应用的华为 GPON 产品中，选用 HG850a ONT 设备。

HG850a 设备是面向家庭和 SOHO 用户设计的一款 ONT 设备。它的外观及接口标识如图 10-12 和图 10-13 所示。

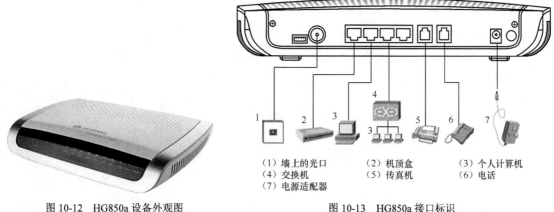

（1）墙上的光口　　（2）机顶盒　　（3）个人计算机
（4）交换机　　　　（5）传真机　　（6）电话
（7）电源适配器

图 10-12　HG850a 设备外观图　　　　图 10-13　HG850a 接口标识

HG850a 设备作为 GPON 终端设备，可提供 4 个 100Base-TX 全双工以太网接口和 2 个传统电话业务（Plain Old Telephone Service，POTS）接口。通过以太网接口连接 PC、STB 等，实现数据、视频业务的接入；通过 POTS 接口连接电话或传真机，实现 VoIP 语音或 IP 传真业务的接入。

该设备的另一面有多个指示灯，其中 LINK 和 AUTH 为 GPON 指示灯，两者的状态共同说明 HG850a 连接和注册到 OLT 的情况。指示灯闪烁状态分为快速闪烁和慢速闪烁，闪烁频率分别为每秒 3 次和每秒 1 次。

10.3　总结

（1）本章首先介绍了 GPON 协议栈，GPON 协议栈主要由物理媒质相关层和 GPON 传输汇聚层组成，其标准协议有 ITU-T G.984.1/2/3/4 这 4 个版本。接着对 GPON 中的几个重要概念进行了介绍。GEM Port 是业务的最小承载单位，T-CONT 是一种承载业务的缓存，有 5 种带宽类型模板，T-CONT 工作时一定要绑定相应模板。一个 ONU 的 GPON 接口中可以包含一个或多个 T-CONT，一个 GEM Port 可以映射到一个 T-CONT 中去，多个 GEM Port 也可以映射到同一个 T-CONT 中。ONU 用 ONU-ID 标识，T-CONT 用 Alloc-ID 标识，GEM Port 用 Port-ID 标识。然后介绍了 GPON 的帧结构，GPON 采用 125us 的定长 TDM 帧。

（2）GPON 实训平台采用华为 GPON 产品，本章对其进行了简介。局端设备选用中规模接入产品 SmartAX MA5683T，其单板类型主要包括 GPON 业务板、主控板和上联板，本实训采用最低配置 1 块 GPON 业务板+1 块主控板+1 块上联板。其管理方式包括串口本地管理、远程带外管理、远程带内管理 3 种。用户端设备选用 HG850a ONT 设备，可实现 FTTH 接入，提供 4 个 FE 口和 2 个 POTS 口。

10.4　思考题

10-1 T-CONT 支持哪 5 种带宽类型模板？其各自的特点是什么？

10-2 GEM Port、T-CONT 之间有怎样的映射关系？

10-3 SmartAX MA5683T 有多少个槽位？主要的单板类型有哪些？

10-4 HG850a 可否直接下挂模拟话机？

第 11 章

GPON 基本操作与维护

11.1 实训目的

- 了解并熟悉 GPON 实训平台设备组网情况。
- 熟悉并掌握 MA5683T 基本操作命令。

11.2 实训规划（组网、数据）

11.2.1 组网规划

图 11-1 所示为 GPON 基本操作与维护组网规划。

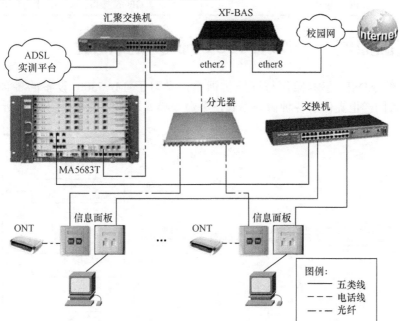

图 11-1 GPON 实训组网图

组网说明：

本实训平台的 MA5683T 只采用了最低配置：一块主控板 SCUL，位于 6 号槽位；一块

GPON 业务板 GPBC，位于 0 号槽位；一块上联板 GICF，位于 9 号槽位。MA5683T 通过 0 槽位的第一个 PON 口（0/9/0）出光纤下挂一个分光比为 1：32 的分光器，从分光器的前 30 路光纤分支分别接一个 HG850a ONT 设备；再从 HG850a 的第一个以太网用户接口下挂一用户 PC。

　　MA5683T 通过 9 号槽位的第一个光口上联至汇聚交换机，再通过汇聚交换机的电口级联至宽带接入服务器 XF-BAS 的 ether2 接口上，宽带接入服务器 XF-BAS 设备的 ether8 网口再经过其他网络设备接入校园网、互联网，模拟数据业务上联网络。

　　对 MA5683T 的管理采用带外网管方式。从 MA5683T 的带外网管接口（6 号槽位主控板上的 eth 接口）出网线连至局域网交换机，再从此交换机其他网口出网线连接管理 PC（本实训用户 PC 和管理 PC 共用一台 PC，如果 PC 的网线接至桌面信息面板网口，则作为管理 PC 使用，如果 PC 的网线接至 ONT 设备以太网接口上则作为用户 PC 使用）。因此，只要将管理 PC 的 IP 地址配置成与 MA5683T 的带外网管地址在同一网段，即可远程登录MA5683T 进行配置。本例实训 MA5683T 的带外网管地址为 172.24.15.36/24。

11.2.2　数据规划

GPON 基本业务配置数据规划如表 11-1 所示。

表 11-1　　　　　　　　　　　　　　GPON 基本业务配置数据规划

配　置　项	FTTH（HG850a）数据
OLT 带外网关 IP	172.24.15.36/24
管理 PC 的 IP	172.24.15.x/24
GPON 单板	GPON 接口：0/0/0；上行口 0/9/0

11.3　实训原理——MA5683T 命令模式简介

　　在第 6 章 ADSL 基本操作与维护实训中，学习了 MA5300 设备的各种命令模式，MA5683T 设备同样也提供了各种命令模式，各命令模式之间的关系如图 11-2 所示。

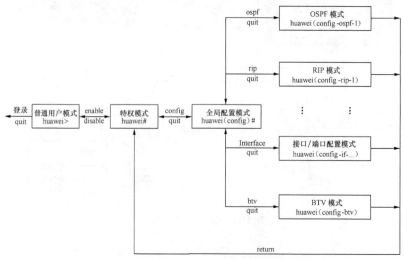

图 11-2　MA5683T 命令模式关系图

11.4 实训步骤及记录

步骤 1：配置管理 PC 的 IP 地址，登录 MA5683T。

（1）将管理 PC 的静态 IP 地址配置在 172.24.15.x/24 网段，在 Windows 的 CMD 模式下 Ping 通 OLT 的带外网管 IP 172.24.15.36，在命令输入界面中，输入"telnet 172.24.15.36"，即可登录 OLT（MA5683T）。

（2）进入 MA5683T 后，输入登录用户名：root，及登录密码：admin，进入 OLT 远程命令行（CLI）配置模式"MA5683T>"，如图 11-3 所示。

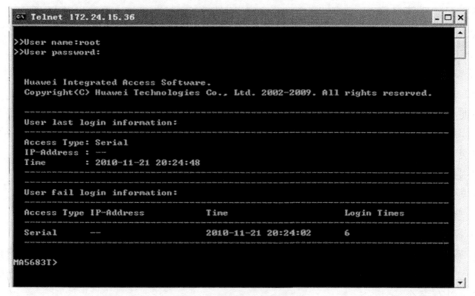

图 11-3 MA5683T 登录界面

（3）在配置模式"MA5683T>"下，输入"enable"，即可进入特权模式"MA5683T#"进行配置。

步骤 2：在 OLT 特权模式下，进行 GPON 基本命令操作。

（1）观察 MA5683T 设备的硬件结构，记录各单板的接口及运行状态、run 灯的状态。相关查询命令如下。

① 查所有单板总体情况：display board+框架号。

`eg: MA5683T#display board 0`

② 查具体某个单板情况：display board+单板号（0/0，0/6，0/9）。

`eg: MA5683T#display board 0/0    //查询 GPON 板状态`

（2）查询系统版本信息。

① 查询系统版本信息：MA5683T#display version。

② 查询单板版本信息：display version 单板号（机框号/单板号）。

`eg: MA5683T#display version 0/6`

（3）配置系统时间。

① 设置系统的当前时间：time。系统时间格式为：hh:mm:ss yyyy-mm-dd，即时：分：

秒 年-月-日。

> eg：设置系统的当前时间为 2014 年 07 月 17 日 09：30：00

MA5683T#time 09:30:00 2014-07-17

② 查询系统时间：display time。

> eg：MA5683T#display time

（4）进入配置模式，并切换语言。命令如下。

MA5683T#config

MA5683T（config）# switch language-mode

注：对设备的绝大多数配置，都需在配置模式下进行。

（5）配置系统名称。

默认情况下设备名称为 MA5683T，为区别设备，可用命令 sysname 修改设备系统名称。

> eg：MA5683T（config）#sysname 5683T_1
>
>   5683T_1（config）#

（6）增加系统操作用户。

为便于对 MA5683T 设备管理，可增加不同属性的系统操作用户，以实现对设备不同级别的访问和配置。根据分配的操作权限不同，MA5683T 将操作用户权限分为 4 个级别：普通用户级、操作员级、管理员级和超级用户级。仅超级用户级及管理员级别的用户有权限进行增加用户的操作，增加比自身级别低的用户。

各操作用户的操作管理权限如下。

① 普通用户级：仅执行基本的系统操作以及简单的查询操作。

② 操作员级：可对设备、业务进行配置。

③ 管理员级和超级用户级：两者都可执行所有配置操作，且可负责对设备、用户账号以及操作管理权限进行维护管理。但超级用户仅有一个，是系统最高级别的用户，而管理员级用户可以有多个。

增加系统操作用户的命令有：

· 增加用户：terminal user name

> eg：MA5683T（config）#terminal user name
>
>   User Name（length<6，15>）：root10   //用户名（账号）
>
>   User Password（length<6，15>）：root123 //密码。注意：维护终端上不显示该密码
>
>   Confirm Password（length<6，15>）：root123//再次输入该密码。维护终端上不显示
>
>   User profile name（<=15 chars）[root]：   //用户模板名，直接回车即可
>
>   User's Level：
>
>   1. Common User 2. Operator 3. Administrator：1   //选择用户级别
>
>   Permitted Reenter Number(0--4)：3 //同一账号可重登录次数
>
>   User's Appended Info（< -30 chars）：user   //用户的附加信息
>
>   Adding user succeeds
>
>   Repeat this operation? (y/n)[n]：n //是否再添加用户

· 查询操作用户信息：display terminal user all/具体的用户名

> eg：MA5683T（config）#display terminal user all
>
>   MA5683T（config）#display terminal user root10

（7）创建 VLAN，查看 VLAN。

① 用 vlan 命令创建 VLAN：MA5683T（config）#vlan 10 smart。

② 用 display vlan <all>查询所有 VLAN 的总体情况：MA5683T#display vlan all。

③ 用 display vlan <vlan 号>查询特定 VLAN 的情况：MA5683T#display vlan 10。

④ 用 undo vlan 命令删除 VLAN：MA5683T(config) #undo vlan 10。

⑤ 用 port vlan 命令将某端口加入 VLAN：

MA5683T(config)#port vlan 10 0/9 0　　//将上联口 0/9/0 加入 vlan10。

⑥ 用 display port vlan 命令查询某端口透传的 VLAN 情况

MA5683T#display port vlan 0/9/0　　//查询上联口加入的 VLAN 情况。

⑦ 用 undo port vlan 删除接口透传的某 VLAN。

MA5683T(config)#undo port vlan 10 0/9 0　　//将上联口 0/9/0 从 vian10 删除。

（8）配置 MA5683T 的带内网管 IP，步骤如下。

① 创建网管 VLAN：MA5683T(config) #vlan 80 smart。

② 配置带内 IP：MA5683T(config)#interface vlanif 80

　　　　　　　　MA5683T(config-vlanif80)#ip address 192.168.80.1 255.255.255.0

　　　　　　　　MA5683T(config-vlanif80)#quit　　//返回上一级

③ 将上联口加入网管 vlan：MA5683T (config) #port vlan 80 0/9 0

通过以上 3 步，即可实现带内网管 IP 的配置。

如果要查询上述配置是否正确，可用查询命令：用 display interface vlanif <网管 vlan 号>查询带内网管 IP。

```
eg: MA5683T（config）#display interface vlanif 80
```

在上述 3 步完成后，若要删网管 VLAN，直接用 undo vlan 命令删除是不行的，因为该 VLAN 绑定了端口，且在该 VLAN 上配置了 IP，即配置了 3 层接口，所以应该先解绑定端口并删除配置的 VLAN 后，才能再删除 VLAN。步骤如下。

① 用 undo interface vlanif 删除网管 IP。

```
eg: MA5683T（config）#undo interface vlanif 80
```

② 解绑定相应的端口。

```
eg：MA5683T（config）#undo port vlan 80 0/9 0
```

③ 删除 vlan。

```
eg：MA5683T（config）#undo vlan 80
```

（9）查询带外网管 IP 地址：MA5683T (config) #display interface meth 0。

注意：带内网管 IP 和带内网管 IP 必须配置在不同的网段。

11.5　总结

（1）通过本次实训，熟悉 PON 网络的基本组成及各种应用模式，熟悉 MA5683T 上下行设备，熟悉基本的操作配置命令。

（2）查询操作用 display 命令，删除操作一般用 undo 命令。

（3）可用上光标键↑、下光标键↓查看历史命令。

（4）TAB 键的使用：当输入的命令字符的前几个字母在该模式下已经是唯一的命令

时，单击 TAB 键可自动补全命令，例如，进入特权模式时，输入"en"，即可代表"enable"，这时单击 TAB 键可以自动补全为"enable"。

（5）"？"键的使用一：在命令提示符后输入"？"，可以得到当前可用命令的帮助信息。例如，MA5683T（config）＃？。

（6）"？"键的使用二：在完整的关键字后输入"？"，可以得到与当前命令关键字相匹配的命令的简单帮助及其使用的参数。例如，MA5683T (config)#display ？。

（7）"？"键的使用三：在不完整的命令关键字之后使用"？"，可以得到与当前命令关键字相匹配的。例如，MA5683T（config）#display v?。

（8）删除某 VLAN 前，需要首先删除该 VLAN 的 3 层接口、上行端口和业务虚端口，且该 VLAN 不能是任何端口的缺省 VLAN。

11.6　思考题

11-1　记录各单板的接口及运行状态，run 灯的状态。

单板类型	槽位号	接口类型及数量	单板状态	run 灯状态
GPBC				
SCUL				
GICF				

11-2　如何配置带内网管？写出相应的配置命令。

11-3　如何查询 OLT 的带内和带外 IP 地址？分别写出相应的查询命令。

11-4　请说出带内网管和带外网管的区别，它们能否配置在同一网段？

第 12 章

MA5683T 基本上网业务开通配置

12.1 实训目的

- 掌握 MA5683T 基本上网业务的开通步骤及命令。
- 掌握 MA5683T 基本上网业务不通时的基本检查步骤及命令。
- 掌握 MA5683T 基本上网业务的删除步骤及命令。

12.2 实训规划（组网、数据）

12.2.1 组网规划

实训组网图与第 11 章的实训组网图相同。

12.2.2 数据规划

MA5683T 基本上网业务数据规划如表 12-1 所示。

表 12-1   MA5683T 基本上网业务数据规划

配 置 项	FTTH（HG850a）数据
GPON 单板	GPON 接口：0/0/0，上行接口：0/9/0
ONU	ID：1，与 PC 接口：eth1 Sn：48575443C1538302
VLAN	VLAN 类型：Smart 管理 VLAN：vlan 10 带内管理 IP：192.168.10.1/24 业务 VLAN：vlan 11
DBA 模板	Internet 业务索引号：10 模板类型：type5 宽带类型：固定带宽 1Mbit/s 保证带宽：10Mbit/s，最大带宽：100Mbit/s

续表

配 置 项	FTTH（HG850a）数据
GEM Port	GEM Port ID：0
T-CONT	ID：4
service port	0

12.3 实训原理

与"第 7 章 ADSL 基本数据业务配置"相同。

12.4 实训步骤与记录

在本实训中，宽带用户通过 PPPoE 协议接入互联网。根据我们前面对 PPPoE 协议原理的讲解，我们了解到，在整个 PPPoE 协商过程中，对话的双方一个是用户 PC，一个是 BAS，而它们之间连接的设备，即接入网设备和二层交换机等，它们不解释具体的网络层的数据，它们的作用就是在用户 PC 和 BAS 之间建立起通畅的数据通路，也就是实现二层——数据链路层的链接。因此，我们要做的事情，就是对接入网设备进行二层——数据链路层的配置，即主要思想就是：划分用户 vlan，让相应的端口透传用户 vlan。

在 GPON 网络中，OLT 与 ONU 之间的数据传输采用一种类似 ATM 的虚连接方式，在这条虚连接中，真正承载数据流的通道我们称之为 GEM Port，用 Port-ID 标识。因此，我们除了把一些实端口（如 OLT 的上联口、ONU 的用户侧接口等）加入用户 vlan 外，还必须把用户 vlan 映射到相应的 GEM Port 中。另外，在 GPON 网络中，由于采用了良好的 QoS 控制机制，需要根据不同业务对带宽的不同要求动态分配带宽，T-CONT 就是承载具有某一种 QoS 要求的缓存。T-CONT 用 Alloc-ID 标识。也就是说在业务配置时，必须指定相应的业务放在哪一个或哪几个 T-CONT 中。ONU、T-CONT、GEM Port 的对应关系是：一个 ONU 可以对应几个 T-CONT，一个 T-CONT 可以对应几个 GEM Port。

综上，我们要做的配置就是创建用户 vlan，并把相应的实端口以及 GEM Port 加入用户 vlan。为了把用户 vlan 映射到某个 GEM Port 中，需要首先创建限速模板 DBA-profile，然后把限速模板与 T-CONT 绑定，这样这个 T-CONT 就具有了某一种 QoS 机制。再创建 GEM Port 把它与某个 T-CONT 绑定，最后把用户 vlan 映射到 GEM Port 中，这样承载这个用户 vlan 的模板就完全创建好了。但是这时，这个模板还没有和具体的 ONU 对应起来，因此，需要把某个 ONU 和刚才创建的某个 GEM Port 模板绑定，即说明是哪个 ONU 的哪个 vlan 具有哪种 QoS 机制，映射到哪个 GEM Port 进行承载，也就是说建立起一条真正的虚连接。这个绑定关系我们称之为"业务虚端口"，我们称这个过程为"添加业务虚端口"。

在本例中，业务 DBA 模板采用"固定带宽+保证带宽+最大带宽"方式，即 type5。

相应的实训步骤如下所述。

步骤 1：配置管理 PC 的 IP 地址，登录 MA5683T。

具体过程见 11.4 小节的步骤 1。

步骤 2：在 OLT 特权模式下，进行 GPON 基本数据业务开通配置。

根据华为 GPON 设备中，ONU 可分为 ONT 和 MDU 两种类型及其对应的应用场合类型：FTTH 和 FTTB，本次 Ethernet 业务配置只选用 FTTH 应用场合进行介绍。

（1）FTTH Ethernet 业务配置

对于 FTTH 设备，所有业务配置在 OLT 上进行，相关数据会从 OLT 上远程下发各 ONU。

① 配置流程如图 12-1 所示。

② 业务配置代码及说明。

```
//Step1：配置带内网管 IP
vlan 10 smart          //创建网管 VLAN 10
interface vlanif 10
ip address 192.168.10.1  255.255.255.0    //配置管理 vlan 的 IP
quit
port vlan 10  0/9 0    //上行端口 0 加入网管 vlan 10
//Step2：创建业务 vlan，上联口加入业务 vlan
vlan 11 smart    //创建宽带业务 vlan 11
port vlan 11 0/9 0   //上行端口 0 加入宽带业务 vlan 11
```

> 由于本实训系统采用的BAS不能划分VLAN，所以需要配置上联口的保留vlan。若BAS能划分VLAN，则这部分代码可省去。

```
Interface giu 0/9  //进入上联板配置模式。进入单板配置的命令为：
                   (config)#interface 单板名 机框号/槽位号
                   单板名：giu：上联板；gpon：gpon用户板
                   本例中，上联板在0/9，即0框9槽；gpon板在0/0，即0框0槽
native-vlan 0 vlan 11  //设置端口的缺省vlan。"0"：端口号，"11"：宽带业务valn
quit
```

```
//Step3：创建模板
dba-profile add profile-id 10 type5 fix 1024 assure 10240 max 102400
```
//增加 DBA 模板（限速模板），模板 ID 为 10，模板类型为 5，固定带宽为 1Mbit/s，保证带宽为 10Mbit/s，最大带宽为 100Mbit/s。

```
ont-lineprofile gpon profile-id 5   //增加一个 GPON ONT/MDU 线路模板，ID 为 5
tcont 4 dba-profile-id 10    //创建一条承载 ETH 业务的通道：T-CONT 为 4，绑定 DBA 模
                               板 10
gem add 0 eth tcont 4       //增加 GEM 封装，gemport 索引为 0，绑定 T-CONT4 并映射到
                               ONT/MDU 的 ETH 端口
mapping-mode vlan           //配置线路模板映射模式
gem mapping 0 0 vlan 10     //配置 gem 的映射方式，gemport 0 的第 0 个索引与 vlan 10
                               绑定第 1 个 0：gemport 的索引号；第 2 个 0：gem
                               mapping 的索引号
gem mapping 0 1 vlan 11     //gemport 0 的第 1 个索引与 vlan 11 绑定
```

```
commit   //让配置生效
quit
```

注：tcont 提供了一个 DBA 模板与 gemport 的连接通道。

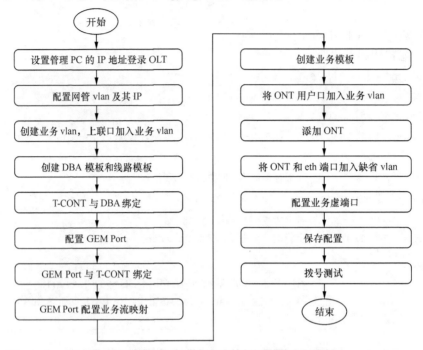

图 12-1　基于 GPON 的 FTTH 基本上网业务配置流程

上述模板配置完后，创建了 gemport 0，它使用 dba 模板 10，并与 vlan10 和 11 进行了绑定。相关的查询命令如下。

- 查询系统的限速模板：#display dba-profile all（或模板 id 号）
- 查询系统的线路模板：#display ont-lineprofile gpon all（或模板记号）
- 删除线路模板：(config)# undo ont-lineprofile gpon profile-id 5
- 删除限速模板：(config)# dba-profile delete profile-id 10

```
//step4：创建业务模板
ont-srvprofile gpon profile-id 5 //增加一个 GPON ONT 业务模板，ID 为 5。用于上网
                                业务
ont-port pots 2 eth 4   //ONT 支持 2 个 POTS（语音口）端口和 4 个 ETH 端口
port vlan eth 1 11        //配置 ont 的 eth 用户端口，eth1-4 均加入宽带业务 vlan 11
port vlan eth 2 11
port vlan eth 3 11
port vlan eth 4 11
commit   //让配置生效
quit
//step5：添加 ont
interface gpon 0/0  //进入 GPON 业务接入单板
port 0 ont-auto-find enable
```

//将 0 端口的自动发现 ONT 功能打开。等待其进行查找到 GPON 终端的 SN，需 2~3 分钟（可以在 enable 与 disable 间操作，如 HG850a sn：4857544301538302）。执行此命令后得重新启动 GPON 终端，等待出现 SN 即可

　　display ont autofind 0　//查看自动发现的 ONT/MDU，系统会显示如图 12-2 所示界面

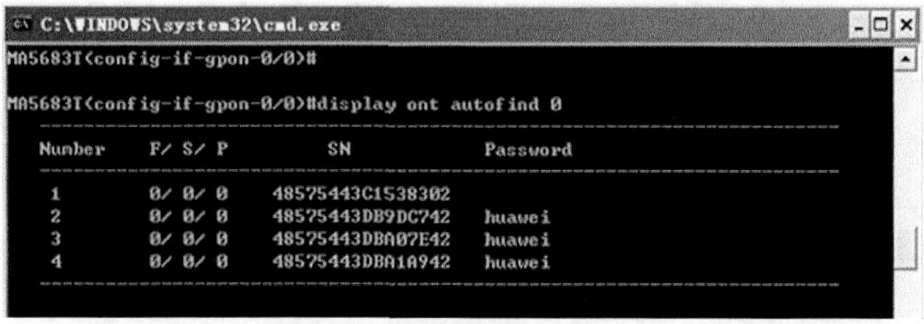

图 12-2　查看自动发现的 ONT/MDU

　　//如 SN 上报完毕则执行下面的 ONT 添加工作

　　ont add 0 1 sn-auth 4857544301538302 omci ont-lineprofile-id 5 ont-srvprofile-id 5

　　//在 GPON 单板的 0 端口增加 1 号 ONT，根据系统自动上报 ONT 的序列号 4857544301538302 确认此 ONT，由 OLT 通过 OMCI 协议对其进行管理，绑定和 ONT 匹配的线路模板 5 和业务模板 5。ONT 的 id 号必须与系统自动发现时给定的 ID 号一致，若该 ONT 有密码，必须还带上密码认证 password-auto。本实训项目中，ONT 只需采用 sn-auto

　　//step6：将 ont 的 eth 端口加入缺省 vlan

　　ont port native-vlan 0 1 eth 1 vlan 11//将 1 号 ONT 的 ETH1 端口加入缺省 VLAN11

　　ont port native-vlan 0 1 eth 2 vlan 11//将 1 号 ONT 的 ETH2 端口加入缺省 VLAN11

　　ont port native-vlan 0 1 eth 3 vlan 11//将 1 号 ONT 的 ETH3 端口加入缺省 VLAN11

　　ont port native-vlan 0 1 eth 4 vlan 11//将 1 号 ONT 的 ETH4 端口加入缺省 VLAN11

　　display ont info 0 all　//查询所有 ONT 的配置信息是否正确

　　quit

　　//step7：添加业务虚端口

　　service-port 0 vlan 11 gpon 0/0/0 ont 1 gemport 0 mult-service user-vlan 11 rx-cttr 6 tx-cttr 6

　　//将 1 号 ONT 设备加入业务虚端口，GEM 端口标识为 0，支持多业务，接收和发送的流量模板都为 6

至此，ont 的宽带业务配置结束，即可进行拨号测试。

（2）对命令行中 DBA 的理解

增加 DBA 命令：DBA-profile add。

① 命令功能：此命令用于增加 DBA（Dynamic Bandwidth Assignment）模板。T-CONT 是 ONT 上的物理资源，只有绑定了 DBA 模板后，才能够用于承载业务。当系统缺省的 DBA 模板不能够满足业务需求时，使用此命令新增一个 DBA 模板。

② 命令格式：**DBA-profile add** 〔**profile-id** profile-id〕〔**profile-name** profile-name〕 ｛**type1 fix** fix-bandwidth 〔**bandwidth_compensate** bandwidth_compensate〕｜**type2 assure** assure-bandwidth｜**type3 assure** assure-bandwidth **max** max-bandwidth｜**type4 max** max-bandwidth| **type5 fix** fix-bandwidth **assure** assure-bandwidth **max** max-bandwidth}

DBA-profile add 命令参数说明如表 12-2 所示。

表 12-2 　　　　　　　　　　　　　DBA-profile add 命令参数说明

参　　数	参　数　说　明	取　　值
profile-id *profile-id*	DBA 模板编号。如果不指定，系统自动分配最小的空闲模板号	数值类型，取值范围：10～512
profile-name *profile-name*	DBA 模板名称。如果不指定，系统自动采用缺省命名 "DBA-profile_x"，其中 "x" 为 DBA 模板的编号	字符串类型，可输入的字符串长度为 1～33 个字符
type1	配置类型为固定带宽的 DBA 模板	—
type2	配置类型为保证带宽的 DBA 模板	—
type3	配置类型为保证带宽+最大带宽的 DBA 模板	—
type4	配置类型为最大带宽的 DBA 模板	—
type5	配置类型为固定带宽+保证带宽+最大带宽的 DBA 模板	—
fix *fix-bandwidth*	固定带宽。此部分带宽固定分配给用户，即使该用户不使用，其他用户也不可以占用	数值类型，取值范围：128kbit/s-1235456kbit 单位：kbit/s
assure *assure-bandwidth*	保证带宽。此部分带宽分配给用户，如果用户没有使用，其他用户可以占用此部分带宽	数值类型，取值范围：128kbit/s-1235456kbit 单位：kbit/s
max *max-bandwidth*	最大带宽。此带宽指某用户可以使用的最大的带宽值。在 type3 类型的 DBA 模板中，最大带宽必须大于或等于保证带宽。在 type5 类型的 DBA 模板中，最大带宽必须大于或等于固定带宽与保证带宽之和	数值类型，取值范围：128kbit/s-1235456kbit/s 单位：kbit/s
bandwidth_compensate *bandwidth_compensate*	配置带宽补偿。带宽补偿是某种原因下，实际带宽不能满足固定带宽的要求时，需要在后续传输过程中加大带宽进行补偿。在配置固定带宽类型的 DBA 模板时，如果承载 TDM 业务，必须开启带宽补偿功能	枚举类型，取值范围：yes,no

　　小结：创建的 DBA 模板的作用是为了 T-CONT 引用，如果 T-CONT 没有引用，所创建的 DBA 没有任何意义；DBA 有 5 种类型，根据业务需求选择相应类型。

　　步骤 3：拨号测试。

　　（1）连线

　　用网线将用户 PC 与 ONU 相连，即网线的一端插入用户 PC 的网口，另一端插入 ONU（MDU/ONT）的 eth 口。应看到网口显示灯亮，表明网络通路正常。

　　（2）拨号测试

　　单击桌面的 "宽带连接"，输入正确的账号和密码（在 BAS 中设置的），单击 "确认"按钮看能否连接上网络。

　　（3）查看上网后用户 PC 获得的 IP

单击"运行"，输入 cmd，单击"确定"按钮，在命令行输入界面中输入命令：ipconfig，查看获得的 IP 地址是多少。

步骤 4：删除宽带业务配置。

删除操作是业务开通配置过程的逆过程。删除操作的主要思想是删除用户的 vlan。但是，删除 VLAN 时需要具备以下条件：①不包含上行端口，②没有配置 3 层接口，③没有加入业务虚端口，④不是缺省 VLAN 1。因此，首先应该删除业务虚端口，将 ONU 和 gemport 模板解绑定，然后可以分别删除 ONU 和 gemport 模板；接着删除 3 层接口，解绑定上行端口，最后删除 vlan。具体删除步骤如下。

```
//step1: 删除业务虚端口
undo service-port 0
y
//step2: 删除 ont
interface gpon 0/0
undo ont ipconfig 0 1
ont delete 0 1
y
port 0 ont-auto-find disable   //取消用户板 0 号端口的 ont 自动发现
quit
//step3: 删除业务模板
undo ont-srvprofile gpon profile-id 5
//step4: 删除 gemport 模板
ont-lineprofile gpon profile-id 5
undo gem mapping 0 0
undo gem mapping 0 1   //删除 gemport 的 vlan 映射
gem delete 0   //删除 gemport
undo tcont 4   //删除 tcont
commit
quit
dba-profile delete profile-id 10   //删除限速模板 DBA 模板
//step5: 将业务 vlan 从上联口解绑定，并删除业务 vlan
undo port vlan 11 0/9 0
undo vlan 11
//step6: 将管理 vlan 从上联口解绑定，并删除其 3 层接口，删除管理 vlan
undo port vlan 10 0/9 0
undo interface vlanif 10
undo vlan 10
```

12.5　总结

（1）通过本次实训，更进一步理解了 PPPoE 的基本过程，加深了 GPON 原理的理解，掌握了 MA5683T 基本数据业务开通的命令。

（2）删除操作一般用 undo 命令，但如在配置时命令中有"add/confirm"等参数时，相应的删除操作不再用 undo 命令实现，而是将原配置语句中的 add/confirm 换成 delete。

添加 DBA 模板命令中有"add"参数，如下所示。

dba-profile add profile-id 11 types fix 1024 assure 10240 max 102400

则删除 DBA 模板命令为：dba-profile delete profile-id 11。

（3）若拨号测试时，显示"无法建立连接"，则说明宽带业务配置不成功，应进行下列检查操作。

```
//step1：检查是否已正确添加数据业务对应的业务虚端口且状态是否正常

display service-port all  //正常情况是：存在 service-port 0，状态正常，且其 ont
编号为 1，gemport 编号为 0，vlan 为 11

//step2：检查 ont 配置是否正确，状态是否正常

interface gpon 0/0

display ont info 0 1

//step3：检查是否已将 ont 的 eth 端口加入了缺省 vlan 11

interface gpon 0/0

display ont port attribute 0 1

//step4：检查其业务模板是否配置正确

display ont-srvprofile profile-id 5  //正常情况是：端口支持 2 个 pots 和 4 个 eth
                                      且 4 个 eth 口都透传 vlan 11

//step5：检查 gemport 是否已映射业务 vlan 11

display ont-lineprofile profile-id 5  //观察 tcont 4 的配置，是否已绑定了 qemport
                                      0，gemport 0 是否映射了 vlan 11

//step6：检查上联口是否已透传业务 vlan 11

display port vlan 0/9/0
```

12.6 思考题

12-1 你所操作的 ONU 带内 vlan 是多少？带内网管 IP 地址是多少？

12-2 本实训使用的 OLT 的上联口在哪个槽位？带内网管 IP 地址是多少？

12-3 本组配置的宽带业务虚端口和网管业务虚端口是多少？使用的 gemport 的 port 号是多少？tcont 号是多少？该 tcont 对应的 DBA 模板和线路模板号分别是多少？

12-4 通过如下命令，能否查看已经成功添加的 onu 的信息？如果不行，那用什么命令可以查看？

```
interface gpon 0/0

port 0 ont-auto-find enable

display ont autofind 0
```

第 13 章

MA5683T 的 VoIP 业务配置（基于 SIP）

13.1 实训目的

- 理解 SIP 协议的定义、SIP 系统的构成、SIP 协议的消息类型以及典型的消息流程。
- 掌握 FTTH VoIP 语音业务配置步骤及命令。

13.2 实训规划（组网、数据）

13.2.1 组网规划

组网简要说明：

图 13-1 为基于 GPON 的 VoIP 业务配置组网图。MA5683T 通过 GPON 接口，接入远端 ONU 设备，为用户提供基于 IP 网络的高质量、低成本的 VoIP 电话服务。

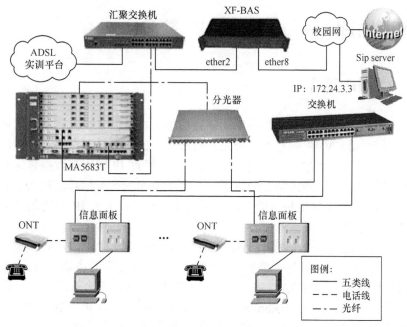

图 13-1　基于 GPON 的 VoIP 业务配置组网图

SIP 服务器通过校园网与 GPON 系统相连，SIP 服务器提供软交换控制器功能。VoIP 基于 SIP 协议实现。

ONT 设备 HG850a 提供了两个 POTS 口，可以直接下挂两台模拟话机提供 VoIP 语音功能。

13.2.2　数据规划

基于 GPON 的 VoIP 业务配置数据规划如表 13-1 所示。

表 13-1　　　　　　　　　　　基于 GPON 的 VoIP 业务配置数据规划

配　置　项	FTTH（HG850a）数据
GPON 单板	GPON 接口：0/0/0；上行接口：0/9/0
ONU	ID：1；与 phone 接口：Tel 接口
VLAN	VLAN 类型：smart；业务 VLAN：vlan 11
DBA 模板	VoIP 业务索引号：11；模板类型：type1；固定带宽：1Mbit/s
GEM Port	GEM Port ID：0
T-CONT	ID：4
Service port	0
HG850a	SIP Local Port：5060
	Register Server Address：172.24.3.3
	Register Server Port：5060 语音 IP：通过 BAS 的 DHCP 分配
电话号码及端口（密码）	用户 1：83597101；绑定端口 ID：0
	用户 2：83597102；绑定端口 ID：1

13.3　实训原理——VoIP 及 SIP 简介

13.3.1　VoIP 简介

VoIP 即 Voice Over IP，通过 IP 网络传输语音信息，通俗来说也就是互联网电话、网络电话或者简称 IP 电话。VoIP 的基本原理是：通过语音的压缩算法对语音数据编码进行压缩处理，然后把这些语音数据按 TCP/IP 标准进行打包，经过 IP 网络把数据包送至接收地，再把这些语音数据包串起来，经过解压处理后，恢复成原来的语音信号，从而达到由互联网传送语音的目的。VoIP 最大的优势是能广泛地采用 Internet 和全球 IP 互连的环境，提供比传统业务更低廉、更方便、更灵活的服务。在传统电话系统中，实现一次通话从建立系统连接到拆除连接都需要一定的信令来配合完成。同样，在 IP 电话中，如何寻找被叫方、如何建立应答、如何按照彼此的数据处理能力发送数据，也需要相应的协议。目前比较常用的 IP 电话方面的协议包括 SIP、MEGACO/H.248 和 MGCP。本实训平台选用 SIP 协议。

会话发起协议（Session Initiation Protocol，SIP）是在 1999 年由 IETF 提出的 IP 电话信令协议。它的开发目的是用来建立、修改和终止基于 IP 网络的包括视频、语音、即时通信、在线游戏和虚拟现实等多种多媒体元素在内的交互式用户会话。SIP 协议是用于 VoIP 最主要的信令协议之一，下面对 SIP 协议做一些简要介绍。

13.3.2　SIP 系统基本构成

按逻辑功能区分，SIP 系统由 4 种元素组成：用户代理、代理服务器、重定向服务器以及注册服务器，如图 13-2 所示。

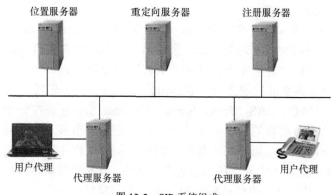

图 13-2　SIP 系统组成

1.　用户代理（User Agents，UA）

用户代理是一个发起和终止会话的实体，它能够代理用户所有的请求和响应。用户代理包括两个部分：用户代理客户机（User Agent Clients，UAC）和用户代理服务器（User Agent Server，UAS）。UAC 负责发起和传送 SIP 请求，与服务器建立连接，也可称作主叫用户代理；UAS 负责接收 SIP 请求并作出响应，也可称作被叫用户代理。用户代理可以执行在不同的系统中，例如，可以是 PC 上的一个应用程序，也可以运行在 SIP 终端上。

2.　代理服务器（Proxy Server）

代理服务器是 SIP 网络的核心，它代表其他客户机发起请求，进行 SIP 消息的路由转发功能，是既充当服务器又充当客户机的媒介程序。消息机制与 UAC 和 UAS 相似，但它在转发请求之前可能改写请求消息中的内容。

3.　重定向服务器（Redirect Server）

重定向服务器用于在需要的时候将用户新的位置返回给请求方，请求方可根据得到的新位置重新呼叫。它与代理服务器 Proxy Server 不同的是，它只是将用户当前的位置告诉请求方，而不像代理服务器那样代理用户的请求，即不会发起自己的呼叫。

4.　注册服务器（Register Server）

注册服务器负责接受用户的注册请求并完成用户地址的注册。当用户上电或者到达某个新域时，需要将当前位置登记到网络中的某一个注册服务器上，以便其他用户找到该用户。

5. 位置服务器（Location Server）

除了以上部件，网络还需要提供位置目录服务，以便在呼叫接续过程中为 SIP 重定向服务器（Redirect Server）或代理服务器（Proxy Server）提供被叫方（服务器或用户端）的具体位置。提供这种服务的功能实体就是位置服务器。它实际上是一个数据库。从严格意义上讲，该实体并不是 SIP 网络中的功能实体，但注册服务器、代理服务器和重定向服务器等设备在实现位置服务时都需要与位置服务器相配合。这部分协议不是 SIP 协议的范畴，可选用 LDAP（轻量目录访问协议）等。

SIP Proxy Server、Redirect Server、Register Server、Location Server 可共存于一个设备，也可以分布在不同的物理实体中。SIP 服务器完全是纯软件实现的，可以根据需要运行于各种相关设备中。实际物理分布上，几种服务器可以继承在同一个设备上，在软交换网络中，代理、注册、重定向功能的服务器一般都由软交换核心设备充当。

值得注意的是，UAC、UAS、Proxy Serve、Redirect Server 是在一个具体事务中扮演的不同角色，是相对于事务而言的。一个呼叫中可能存在多个事务，因此同一个功能实体，在同一个呼叫中的不同阶段会充当不同的角色。例如，主叫用户在发起呼叫时，逻辑上完成的是 UAC 的功能，并在此事务中充当的角色都是 UAC；当呼叫结束时，如果被叫用户主动发起拆除连接，此时主叫用户侧的代理所起的作用就是 UAS；同理，一个服务器在正常呼叫时充当 Proxy Server，而如果它所管理的用户移到了其他地方，或者网络对被叫地址有特别策略，则它将扮演 Redirect Server 的角色，告知呼叫发起方该用户新的位置。

13.3.3　SIP 消息的组成

SIP 消息采用文本方式编码，分为两类：客户端发给服务器的请求消息和服务器到客户端的响应消息。请求消息和响应消息都包括 SIP 头字段和 SIP 消息字段。

1. 请求消息

请求消息包括 INVITE、ACK、OPTIONS、BYE、CANCEL 和 REGISTER 消息。

（1）INVITE　发起会话请求，用于邀请用户参加一个会话。在 INVITE 请求的消息体中可对被叫方被邀请参加的会话加以描述，如主叫方能够接受的媒体类型及其参数。被叫方必须在成功响应消息的消息体中说明被叫方愿意接收哪种媒体，或者说明被叫方发出的媒体，服务器可以自动地用 200（OK）响应会议邀请。

（2）ACK　用于客户机向服务器证实它已经收到了对 INVITE 请求的最终响应。ACK 只和 INIVITE 请求一起使用。

（3）OPTIONS　用于向服务器查询其能力。如果服务器认为它能与用户联系，则可用一个能力集响应 OPTIONS 请求；对于代理和重定向服务器只要转发此请求，不用显示其能力。

（4）BYE　用户代理客户机用 BYE 请求向服务器表明它想释放呼叫。

（5）CANCEL　取消尚未完成的请求，对于已完成的请求（即已收到最终响应的请求）则没有影响。

（6）REGISTER　用于客户机向 SIP 服务器注册地址信息。

2．响应消息

（1）1xx（Informational），临时响应，表示已经收到请求、正在对其处理。

（2）2xx（Success），成功响应。表示请求已经成功地收到、理解和接受。

（3）3xx（Redirection），重定向响应，表示未完成呼叫请求，还需采取进一步的动作。

（4）4xx（Client Error），客户端出错，表示请求中有语法错误或不能被服务器执行。客户机需修改请求，然后再重发请求。

（5）5xx（Server Error），服务器出错，表示服务器故障不能执行合法请求。

（6）6xx（Globoal Failure），全局错误，表示任何服务器都不能执行请求。

其中，1xx 响应为暂时响应（Provisional Response），其他响应为最终响应（Final Response）。

13.3.4　SIP 基本会话过程

1．注册注销过程

SIP 为用户定义了注册和注销过程，其目的是可以动态建立用户的逻辑地址和其当前联系地址之间的对应关系，以便实现呼叫路由和对用户移动性的支持。逻辑地址和联系地址的分离也方便了用户，它不论在何处、使用何种设备，都可以通过唯一的逻辑地址进行通信。注册/注销过程是通过 REGISTER 消息和 200 成功响应来实现的。在注册/注销时，用户将其逻辑地址和当前联系地址通过 REFGISTER 消息发送给其注册服务器，注册服务器对该请求消息进行处理，并以 200 成功响应消息通知用户注册/注销成功，如图 13-3 所示。

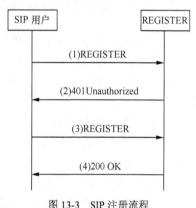

图 13-3　SIP 注册流程

（1）SIP 用户向其所属的注册服务器发起 REGISTER 注册请求，并携带注册信息，如注册用户名、注册有效期等。

（2）注册服务器返回 401 响应，要求用户进行鉴权。

（3）SIP 用户发送带有鉴权信息的注册请求。

（4）注册成功。

SIP 用户的注销和注册更新流程基本与注册流程一致，只是在注销时 SIP 消息头字段中相关参数的值有所不同。

2．呼叫过程

SIP IP 电话系统中的呼叫是通过 INVITE 邀请请求、成功响应和 ACK 确认请求的 3 次握手来实现的，即当主叫用户代理要发起呼叫时，它构造一个 INVITE 消息，并发送给被叫。被叫收到邀请后决定接受该呼叫，就回送一个成功响应（状态码为 200）。主叫方收到成功响应后，向对方发送 ACK 请求。被叫收到 ACK 请求后，呼叫成功建立，如图 13-4 所示。

呼叫的终止通过 BYE 请求消息来实现。当参与呼叫的任一方要终止呼叫时，它就构造

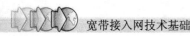

一个 BYE 请求消息，并发送给对方。对方收到 BYE 请求后，释放与此呼叫相关的资源，回送一个成功响应，表示呼叫已经终止，如图 13-5 所示。

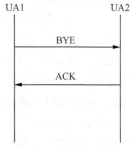

图 13-4　呼叫的建立流程　　　　　　　　　　图 13-5　呼叫的终止流程

当主、被叫双方已建立呼叫，如果任一方想要修改当前的通信参数（通信类型、编码等），可以通过发送一个对话内的 INVITE 请求消息（称为 re-INVITE）来实现。

13.4　实训步骤与记录

在本实训组网中，所有 GPON 设备通过宽带接入服务器 BAS 接入。在这里，BAS 的主要作用是提供网络地址转换 NAT 等功能，即实现将 eth-1 口的 200.200.200.x/24 网段地址转换成在 eth-2 口的 172.24.3.7，SIP 服务器已经配置了这个 IP 地址并绑定了它所对应的电话号码。

BAS 的另一个作用是启用 DHCH 功能，为下挂的 HG850a/IAD 动态分配语音 IP 地址。为使学生体会不同的地址管理方式，在本例中，HG850a 的 IP 采用 DHCP 分配方式，IAD 的地址采用静态地址，但是该地址必须在 200.200.200.x/24 网段内。

本实训中，首先要实现 ONU 到 BAS 之间的网络连接正常，这一部分的配置与"MA5683T 基本上网业务开通配置"实训的配置基本相同。最主要的不同之处在于，由于语音通信具有实时性强、带宽低、带宽固定的特点，在本例中，业务 DBA 模板采用"固定带宽"方式，即 type1。

在实现网络连接正常的基础上，还需在 HG850a/IAD 上做一些与 SIP 协议相关的配置，如配置语音 IP 分配方式、SIP 服务器的 IP、启用的端口号、电话号码及密码等。

相应的实训步骤如下所述。

步骤 1：配置管理 PC 的 IP 地址，登录 MA5683T，具体过程见第 11.4 小节的步骤 1。

步骤 2：在 OLT 特权模式下，进行 GPON 语音业务开通配置。基于 GPON 的 FTTH 的 VoIP 业务配置流程如图 13-6 所示。此部分的数据配置需在 OLT（MA5683T）侧和 ONT（HG850a）侧分别进行操作。

（1）OLT 侧配置

配置 VoIP 业务时，前面一部分数据配置跟基本宽带上网业务的配置基本一致，先后依次完成业务 vlan 11 的创建以及 0/9/0 端口 vlan 的添加，接下来分别创建好 DBA 模板、线路模板和业务模板，并通过 interface gpon 0/0 命令，进入 GPON 业务接入单板，完成 ONT 的注册和添加工作，之后，再将 ONT 设备加入业务虚端口。完成这些工作之后，即可实现 VoIP 业务信息的透传。

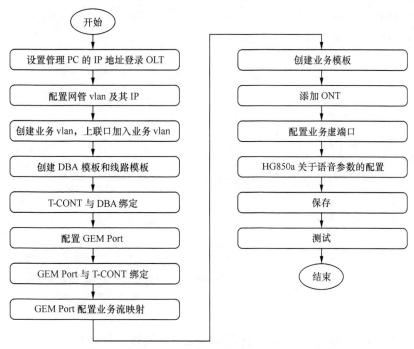

图 13-6　基于 GPON 的 FTTH 的 VoIP 业务配置流程图

OLT 侧详细命令如下。

```
root
admin
enable
config
switch language-mode

vlan 11 smart
port vlan 11 0/9 0
interface giu 0/9
native-vlan 0 vlan 11
quit

dba-profile add profile-id 10 type1 fix 1024
ont-lineprofile gpon profile-id 5
tcont 4 dba-profile-id 10
gem add 0 eth tcont 4
mapping-mode vlan
gem mapping 0 1 vlan 11
commit
quit
```

```
ont-srvprofile gpon profile-id 5
ont-port pots 2 eth 4
commit
quit


interface gpon 0/0
port 0 ont-auto-find enable
display ont autofind 0
ont add 0 1 sn-auth 4857544301538302 omci ont-lineprofile-id 5 ont-
srvprofile-id 5
display ont info 0 all
quit


service-port 0 vlan 11 gpon 0/0/0 ont 1 gemport 0 multi-service user-vlan
11 rx-cttr 6 tx-cttr 6
```

（2）ONT 侧配置

对设备 HG850a 通过网页形式进行管理操作配置，具体过程如下。

① 修改管理 PC 的地址，IP 地址需设置为 192.168.100.x/24（x 在 2 和 254 之间，以保证与 HG850a 的本地 IP 在同一网段)，然后用网线将管理 PC 与 HG850a 的任一网口相连。

② 在管理 PC 上打开浏览器，输入 HG850a 的本地维护 IP：192.168.100.1。

③ 在登录窗口中输入管理员的用户名（telecomadmin）和密码（admintelecom）。密码验证通过后，即可访问 Web 配置界面。

④ 在导航栏中单击"Basic→WAN"。在打开的页面中，单击右上方的"New"。

⑤ 配置语音 WAN 口参数，如图 13-7 所示，其余参数使用默认值。

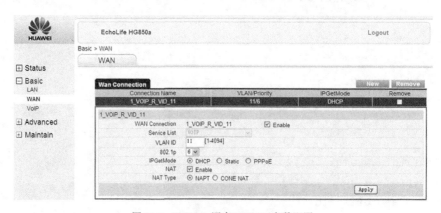

图 13-7　HG850a 语音 WAN 口参数配置

- Service List：VoIP
- VLAN ID：11（和 OLT 上用户侧 VLAN 保持一致）
- IPGetMode：DHCP
- NAT：Enable

- NAT Type：NAPT
- 单击"Apply"，保存配置。
⑥ 在导航栏中单击"Basic→VoIP"。
⑦ 配置 VoIP 基本参数。电话号码为 83597101，密码为 123456，如图 13-8 所示。
- SIP Local Port：5060
- Register Server Address：172.24.3.3
- Register Server Port：5060
- 单击"Apply"，保存配置。再以同样的方式添加另一个电话号码 83597102。

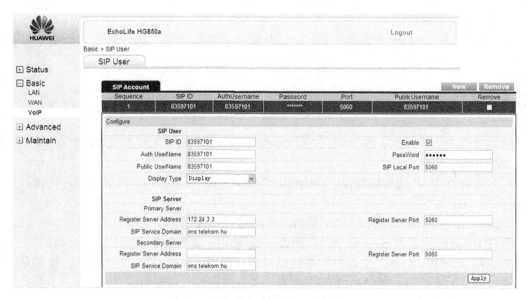

图 13-8　HG850a VoIP 基本参数配置

⑧ 在导航栏中单击"Advanced→VoIP"，在右边选择"Port"页签；将 0、1 端口分别与添加的两个电话号码进行绑定，单击选中端口，选择对应的电话号码，如图 13-9 所示。

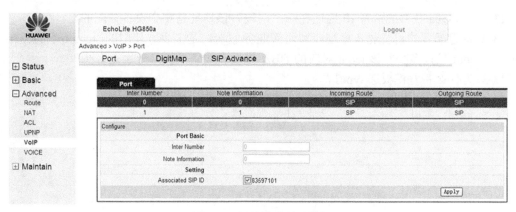

图 13-9　电话号码与端口绑定

⑨ 在导航栏中单击"Status→VoIP"，可查看端口状态（registered 表示注册成功），如图 13-10 所示。

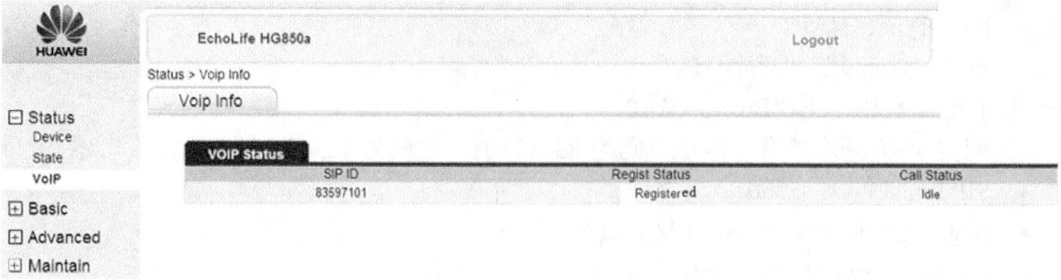

图 13-10　用户电话号码注册成功

步骤 3：拨号测试。

在 ONT（HG850a）的两个 TEL 端口分别接上普通话机，测试两部话机是否可相互拨打。

13.5　总结

（1）通过本次实训，了解 VoIP 系统的基本组成及 SIP 协议的基本概念，掌握 MA5683T 语音业务开通的命令。

（2）若查询 VoIP 注册状态为"unregister"（HG850a），则表示未注册成功，应做以下检查操作。

//stepl：检查 HG850a 到 SIP 之间的网络通路是否畅通。

可在 HG850a 上运行 ping 命令，看能否 ping 通 SIP 服务器地址 172.24.3.3，若无法 ping 通，则说明 HG850a 到 SIP 之间的网络通路没建立起来，应查看 OLT 上的数据配置是否正常，这一部分的查找与"MA5683T 基本上网业务开通配置"实训相同。

//step2：在确定网络连接正常之后，再查看语音参数的配置是否正确。

13.6　思考题

13-1　HG850a 获得的语音 IP 地址在哪个网段？该地址是哪个设备分配的？

13-2　本组配置的语音业务虚端口和网管业务虚端口是多少？使用的 gemport 的 port 号是多少？tcont 号是多少？该 tcont 对应的 DBA 模板和线路模板号分别是多少？

13-3　为什么带宽模板选 type1？

13-4　HG850a 的本地管理 IP 是多少？该值可否改变？怎样改变？

第五部分

无线接入技术

随着各种无线技术的不断成熟和应用普及，为了满足人们移动办公的需要，传统的布线网络向无线网络方向发展。无线网络也凭借其灵活性、便利性等特点而越来越受到欢迎。本章主要介绍了无线接入网技术概述、WLAN 基本原理、WLAN 室内外分布覆盖及 3G/4G 接入技术等相关无线接入的基础知识。

14.1　无线接入技术概述

所谓无线网络，就是利用无线电波作为信息传输媒介，摆脱传统网线的束缚，就应用层面来讲，它与有线网络的用途是完全相似的，而两者最大的不同在于传输媒介的不同。除此之外，无线网络无论是在硬件架设还是网络规划上，相对于有线网络都具有很大的优势。无线网络目前主要分为 3G/4G 无线网、蓝牙和无线局域网（Wireless Local Area Networks，WLAN）等方式，如图 14-1 所示。

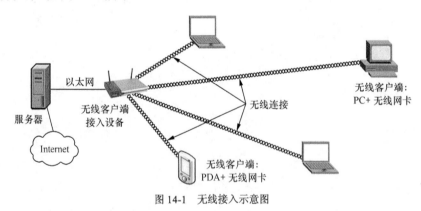

图 14-1　无线接入示意图

14.1.1　无线接入技术发展历史

无线网络的初步应用，可以追溯到 60 年前的第二次世界大战期间，当时美国陆军采用无线电信号进行资料的传输。他们研发出了一套无线电传输技术，并且采用高强度的加密技术，在美军和盟军中得到了广泛使用。他们也许没有想到，这项技术会在今天改变我们的生活。许多学者从中得到灵感，1971 年夏威夷大学的研究员创造了第一个基于封包式技术的无线电通信网络，这个被称为 ALOHNET 的网络，可以算是相当早期的 WLAN。它包括了

7 台计算机，采用双向星型拓扑结构，横跨 4 座夏威夷的岛屿，中心计算机放置在瓦胡岛上。现代意义上的无线局域网出现于 20 世纪 80 年代末期，当时摩托罗拉公司开发出了第一代商用无线局域网。

为了使无线局域网协议趋于标准化，1990 年电气电子工程师学会（Institute of Electrical and Electronics Engineers，IEEE）启动了 802.11 项目，正式开始了无线局域网的标准化工作，无线局域网络技术自此逐渐走向成熟。IEEE 802.11 标准诞生以来，先后有 802.11a 和 802.11b、802.11g、802.11e、802.11f、802.11h、802.11i、802.11j 等标准制定或酝酿。现在，为了实现高带宽、高质量的 WLAN 服务，802.11n 也横空出世。2003 年以来，无线网络市场热度迅速飙升，已经成为 IT 市场中新的增长亮点。由于人们对网速及方便使用性的期望越来越大，于是与计算机及移动设备结合紧密的 Wi-Fi、3G、蓝牙等技术越来越受到人们的追捧。与此同时，在配套产品大量面世之后，构建无线网络所需要的成本逐渐下降，无线网络已经成为宽带接入的主流。

无线局域网已诞生多年，但其发展进程一直是步履蹒跚。无线局域网得到真正意义上发展的是在 Intel 迅驰平台发布之后。 2003 年 3 月，Intel 发布了笔记本电脑发展历史上具有划时代意义的迅驰移动计算技术，作为迅驰平台的 3 大组件之一，Intel PRO/Wireless 2100 无线网络模块被广泛应用于迅驰笔记本电脑中，使得无线局域网的扩展应用有了客户端的基础。随着笔记本电脑、PDA 等数码设备配备无线网卡普及率的提升，越来越多的用户开始摆脱网线的束缚步入无线时代。在这种大环境下，无线网络变得很实际，渐渐开始成为笔记本电脑、PDA 上网的最佳选择。无线局域网客户端的普及，反过来推动企事业单位对无线局域网络环境的建设，此后，机场、酒店、咖啡厅等公众场合的 Wi-Fi 热点也日益增多，无线局域网由此开始迅猛发展。

14.1.2 无线接入技术分类

无线技术包括了无线局域网技术和以 3G 为代表的无线上网技术，这些标准和技术发展到今天，已经出现了包括 IEEE 802.11、蓝牙技术和 HomeRF 等在内的多项标准和规范，以 IEEE 为代表的多个研究机构针对不同的应用场合，制定了一系列协议标准，推动了无线局域网的实用化。我国早在 2004 年 7 月就向国际标准化组织提交了无线局域网中国国家标准（Wireless LAN Authentication and Privacy Infrastructure，WAPI）提案，这是中国拥有自主知识产权的无线局域网标准，该标准较好地解决了无线局域网的安全问题，但是由于种种原因，它现在并没有得到执行。下面列出了一些主要的无线接入技术。

1. IEEE 802.11 系列协议

作为全球公认的局域网权威，IEEE 802 工作组建立的标准在过去 20 年内在局域网领域独领风骚。这些协议包括了 802.3 Ethernet 协议、802.5 Token Ring 协议、802.3z 100Base-T 快速以太网协议。在 1997 年，经过了 7 年的工作以后，IEEE 发布了 802.11 协议，这也是在无线局域网领域内的第一个被国际上认可的协议。1999 年 9 月他们又提出了 802.11b "High Rate" 协议，用来对 802.11 协议进行补充，802.11b 在 802.11 的 1Mbit/s 和 2Mbit/s 速率下又增加了 5.5Mbit/s 和 11Mbit/s 两个新的网络吞吐速率。利用 802.11b，移动用户能够获得同 Ethernet 一样的性能、网络吞吐率与可用性。这样，管理员可以根据环境选择合适的局域网技术来构造自己的网络，满足商业用户和其他用户的需求。802.11 协议主要工作在国际标准化组织（International Standard Organization，ISO）协议的最低两层上，并在物理层上进行了一些改动，加入了高速数字传输的特性和连接的稳定性。

2. 蓝牙技术

蓝牙技术已经成为全球通用的无线技术，它工作在 2.4GHz 波段，采用的是跳频扩频（Frequency Hopping Spread Spectrum，FHSS）技术，数据速率为 1Mbit/s，距离为 10m。任何一个蓝牙设备一旦搜寻到另一个蓝牙设备，马上就可以建立连接，无需用户进行任何设置。在无线电环境非常嘈杂的环境中，其优势更加明显。蓝牙技术的主要优点是成本低、耗电量低以及支持数据/语音传输等。

3. HomeRF

HomeRF 是专门为家庭用户设计的，它工作在 2.4GHz，利用 50 跳/秒的跳频扩谱方式，通过家庭中的一台主机在移动设备之间实现通信，既可以通过时分复用支持语音通信，又能通过载波监听多路访问/冲突检测协议提供数据通信服务。同时，HomeRF 提供了与 TCP/IP 良好的集成性，最显著的优点是支持高质量的语音及数据通信，它把共享无线连接协议作为未来家庭内联网的几项技术指标，使 IEEE 802.11 无线以太网作为数据传输标准。

4. HyperLAN/HyperLAN2

HyperLAN 是欧洲电信标准学会（European Telecommunications Standards Institute，ETSI）制定的标准，分别应用在 2.4GHz 和 5GHz 不同的波段中。与 IEEE 802.11 最大的不同在于 HyperLAN 不使用跳频技术而使用载波检测多址（Carrier Sense Multiple Access，CSMA）技术。HyperLAN2 采用 Wireless ATM 的技术，因此也可以将 HyperLAN2 视为无线网络的 ATM，采用 5GHz 射频频率，传输速率为 54Mbit/s。

5. WiMAX

作为宽带无线通信的推动者，美国电气电子工程师学会于 1999 年设立 IEEE 802.16 工作组，工作内容主要是开发固定宽带无线接入系统标准，包括空中接口及其相关功能，标准涵盖 2～66GHz 的许可频段和免许可频段，解决最后一公里的宽带无线城域网的接入问题。随着研究的深入，IEEE 相继推出了 IEEE 802.16、IEEE 802.16a、IEEE 802.16d、IEEE 802.16e 等一系列标准，该系列标准引起业界广泛关注，被认为是宽带无线城域网（Wireless Metropolitan Area Network，WMAN）的理想解决方案。为了推广遵循 IEEE 802.16 和 ETSI 的 HyperLAN 的宽带无线接入设备，并确保其兼容性及互用性，一些主要的通信部件及设备制造商结成了一个工业贸易联盟组织，即 WiMAX，IEEE 802.16 标准又被称为 WiMAX 技术。其最大传输速率可达到 75Mbit/s，最大传输距离可达 50km。

6. 3G 技术

3G 是英文 3rd Generation 的缩写，是指第三代移动通信技术。相对第一代模拟制式手机（1G）和第二代 GSM、CDMA 等数字手机（2G），第三代移动通信一般是指将无线通信与国际互联网等多媒体通信结合的新一代移动通信系统。它能够处理图像、音乐、视频流等多种媒体形式，提供包括网页浏览、电话会议、电子商务等多种信息服务。为了提供这种服务，无线网络必须支持不同的数据传输速率，例如，在室内、室外和行车的环境中应分别支持至少 2Mbit/s、384 kbit/s 以及 144kbit/s 的传输速率。

14.1.3　无线接入技术发展方向

相对于有线通信，无线局域网有以下优点。

（1）节约建设投资。采用有线组网必须按长远规划超前埋设光电缆，需投入相当一部分目前并无任何效益的资金，增加了成本。同时，光电缆预埋的做法无疑会冒着投入使用时缆线已经落后的风险。

（2）维护费用低。线路的维护费用高，是有线组网的主要维护支出，而这些在无线组网中大部分是可以节省的。无线组网的主要开支在于设备、天线和铁塔的维护，相对而言费用要低很多。

（3）安全性好。有线电缆和明线容易发生故障，查找困难，且易受雷击、火灾等灾害影响，安全性差。无线系统抗灾能力强，容易设置备用系统，可以在很大程度上提高网络的安全性。

然而，无线局域网的数据传输速率和吞吐量很低。现在的有线网络，数据传输率已经达到 100Mbit/s，甚至 100Mbit/s 以太网已经开始出现。而现在的无线局域网，传输速率一般只有几十 Mbit/s 的数量级，显然，无线局域网要想得到发展，传输速率必须得到提高。然而，无线局域网的许多优点，决定了其广阔的发展前景。

无线局域网也有很多局限性，前面几代无线局域网的发展，主要体现在带宽或传输速率的提高上。从标准上看，主要是在物理层的改进或扩充方面。在克服无线局域网其他局限性方面也得到了相应的完善和发展，这些部分分别体现在许多标准草案上。无线局域网有以下发展趋势：①宽带（高速）化，②（快速）移动性支持，③多媒体（QoS）保证，④安全性，⑤可靠性，⑥小型化，⑦大覆盖，⑧节能，⑨经济性等。

14.2　WLAN 基本原理

14.2.1　WLAN 基本概念

目前大多数局域网都是采用有线方式连接，通过无线方式实现设备相连的局域网称为无线局域网 WLAN（Wireless LAN），无线局域网正处于方兴未艾之际，发挥越来越重要的作用，WLAN 逐渐成为有线网络的扩展和补充。

无论是用红外线（infrared，IR），还是射频（Radio Frequency，RF），WLAN 的基本结构分为基础设施网络和独立网络（或称为对等的网络）。典型的基础设施网络由接入点（Access Point，AP）、通信终端、以太电缆等组成。有线网络通过网线连接到固定接入点（AP），接入点将有线网络的信息通过无线方式发送给通信终端，这种基本结构是混合式的。因为 WLAN 主要作为有线网的扩展和补充，所以，这种结构是常见的基本结构。独立网络通过配有适配器（或称为网卡）的通信终端直接进行通信。独立网络适用于经常变动的公司及无法安排电缆的大楼，进行数月或数年的通信，也适用于临时性的通信。独立网络结构是最简单的无线局域网。

目前，WLAN 仍处于众多标准共存时期。每一标准的背后都有大公司或者大集团的支持。在美国和欧洲，形成了几个互不相让的高速无线标准。现在，没有人能够解决无线互联标准不统一的问题，主要是因为行业发展太快而标准跟不上，造成标准的百花齐放。虽然多种标准并存，但并没有制约产业的快速发展，原因是目前无线局域网一般还不能单独应用，只是作为局域网的备用或补充。就像宽带接入市场有 ADSL、FTT*x*、CableModem 等接入方式并没有妨碍用户利用宽带上网一样，同一个局域网中很少会用到不同标准的无线局域网，因此，不存在不同标准的 WLAN 之间互联的问题。从这个意义上来说，各大厂商坚持推出自己的产品和标准有其自身的道理。一般来讲，统一标准的产生都滞后于产品和市场，谁家的产品市场覆盖面最广，谁就有可能成为事实的标准。

无线局域网的发展过程可以用"更快、更便宜"来形容。无线局域网技术已经相当成熟，速率从 1Mbit/s 增长到了 600Mbit/s。但这还仅仅是个开始，随着标准的发展与无线网络产品的成熟，局域网能够覆盖有线网络所无法顾及的领域，它能够用传统联网成本的一个零头来进行高速连接。当然，无线局域网会在实用中发展，肯定还会不断有新的技术出现，如 ATM 无线局域网。总之，无线局域网应用广、市场大，前景不可估量。

14.2.2　IEEE 802.11 标准介绍

WLAN 是利用无线通信技术在一定的范围内建立的网络，是计算机网络与无线通信技术相结合的产物，它以无线多址信道作为传输媒介，提供传统有线局域网（LAN）的功能，能实现用户随时、随地、随意的宽带网络接入。

WLAN 是基于计算机网络与无线通信技术的，在计算机网络结构中，逻辑链路控制（Logical Link Control，LLC）层及其之上的应用层对不同的物理层的要求可以是相同的，也可以是不同的，因此，WLAN 标准主要是针对物理层和媒体接入控制（Media Access Control，MAC）层，涉及所使用的无线频率范围、空中接口通信协议等技术规范与技术标准。WLAN 的协议栈模型如图 14-2 所示。

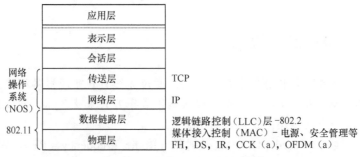

图 14-2　IEEE 802.11 和 OSI 模型

无线局域网领域内的第一个国际上被认可的协议是在 1997 年由 IEEE 发布的 802.11 协议，主要用于办公室局域网和校园网用户的无线接入，它定义物理层和媒体访问控制规范。物理层定义了数据传输的信号特征和调制，定义了两个 RF 传输方法和一个红外线传输方法，RF 传输标准是跳频扩频和直接序列扩频，工作在 2.4～2.4835GHz 频段。目前，3Com

等公司都有基于该标准的无线网卡。802.11 在速率和传输距离上都不能满足人们的需要,因此,IEEE 小组又相继推出了 802.11b 和 802.11a 两个新标准。三者之间技术上的主要差别在于 MAC 子层和物理层。

目前 802.11 共有 10 种扩展名,从 a 到 n:a、b、c、d、e、f、g、h、i 和 n。802.11(a、b、g 和 n)是与 PHY 有关的标准,802.11(d、e、h 和 i)影响 MAC 层,而 802.11(c 和 f)增强 OSI 最上面的一层,即应用层。

1. 802.11a 标准

它扩充了标准的物理层,频带为 5GHz,它采用正交频分复用(OFDM)扩频技术,传输速率为 6～54Mbit/s。可提供 25Mbit/s 的无线 ATM 接口和 10Mbit/s 的以太网络帧结构接口,并支持话音、数据、图像业务。这样的速率完全能满足室内、室外的各种应用场合。

2. 802.11b 标准

802.11b 标准采用 2.4GHz 频带和补偿编码键控(CCK)调制方式。该标准可提供 11Mbit/s 的数据速率,大约是现有 IEEE 标准无线 LAN 速率的 5 倍,还能够支持 5.5Mbit/s 和 11Mbit/s 两个新速率,而且 802.11b 可以根据情况的变化,在 11Mbit/s、5.5Mbit/s、2Mbit/s、1Mbit/s 速率之间自动切换,并在 2Mbit/s、1Mbit/s 速率时与 IEEE 802.11 兼容。它从根本上改变了 WLAN 设计和应用现状,扩大了 WLAN 的应用领域。

3. 802.11g

802.11g 是一种混合标准,它既能适应传统的 802.11 标准,在 2.4GHz 频率下提供 11Mbit/s 数据传输率,也符合 802.11a 标准,在 5GHz 频率下提供 54Mbit/s 数据传输速率。因此,现在大多数厂商生产的 WLAN 产品都基于 802.11g 标准。

4. 802.11n

802.11n 是新一代高速 WLAN 新规范,数据传输速率可达到 600Mbit/s。在传输速率方面,802.11n 可以将 WLAN 的传输速率由目前 802.11a 及 802.11g 提供的 54Mbit/s,提高到 300Mbit/s,甚至高达 600Mbit/s。

将多入多出(MIMO)与正交频分复用(OFDM)技术相结合而应用的 MIMO-OFDM 技术,提高了无线传输质量,也使传输速率得到极大提升。

在覆盖范围方面,802.11n 采用智能天线技术,通过多组独立天线组成的天线阵列,可以动态调整波束,保证让 WLAN 用户接收到稳定的信号,并可以减少其他信号的干扰。因此其覆盖范围可以扩大到好几平方千米,使 WLAN 移动性得到了极大提高。

在兼容性方面,802.11n 采用了一种软件无线电技术,它是一个完全可编程的硬件平台,使得不同系统的基站和终端都可以通过这一平台的不同软件实现互通和兼容,这使得 WLAN 的兼容性得到极大改善。这意味着 WLAN 将不但能实现 802.11n 向前后兼容,而且可以实现 WLAN 与无线广域网络的结合。除了这 4 种最核心的无线以太网标准外,802.11 系列标准还有以下几种。

(1)802.11c:符合 802.1D 的媒体接入控制(MAC)层桥接(MAC Layer Bridging)。

(2)802.11d:Regulatory Domains,定义域管理,FCC、ETSI、ARIB 是管理机构。

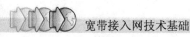
（3）802.11e：QoS（Quality of Service），定义服务质量。

（4）802.11f：IAPP（Inter-Access Point Protocol），接入点内部协议、漫游管理。

（5）802.11h：5GHz 频率空间的功耗管理，并关注探索 802.11a 与 HiperLAN2 之间的一致性，集中关注动态频率选择（Dynamic frequency selection）和传输功率控制（Transmit power control）。

（6）802.11i：Security，定义网络安全性。

几种主要 802.11 系列标准的技术指标如表 14-1 所示。

表 14-1　　　　　　　　　　　　　802.11 系列标准

标　　准	802.11a	802.11b	802.11g	802.11n
发布时间	**1999 年 7 月**	**1999 年 7 月**	**2003 年 6 月**	**2009 年 9 月**
工作频段	5.15～5.35GHz 5.725～5.85GHz	2.4～2.4835GHz	2.4～2.4835GHz	2.4GHz 5GHz
可用频宽	325MHz	83.5MHz	83.5MHz	408.5MHz
载波带宽	20MHz	22MHz	22MHz	20MHz，44MHz
无重叠信道	12 个	3 个	3 个	15 个
编码方式	OFDM	CCK/DSSS	CCK/OFDM	OFDM/MIMO
最高物理速率	54Mbit/s	11Mbit/s	54Mbit/s	600Mbit/s
无线覆盖范围	50m	100m	100m	几百米
兼容性	与 11b/g 不兼容	通过 Wi-Fi 认证产品之间可以互通	兼容 11b	兼容 11a/b/g

14.2.3　WLAN 的组网模式

WLAN 可以根据用户的不同网络环境的需求，实现不同的组网方式，主要有 3 种组网模式，分别是 Ad-hoc 对等模式、infrastructure 组网模式和多接入点组网模式。

1. Ad-hoc 对等模式

对等模式下无需 AP，一个无线终端会自动设置为初始站，并初始化网络，使同域的无线终端一起成为一个局域网。此模式下，不支持 TCP/IP 协议，适合未建网的用户，或组建临时性的网络，如野外作业、临时流动会议等，如图 14-3 所示。

2. infrastructure 组网模式

infrastructure 组网模式也称为集中控制

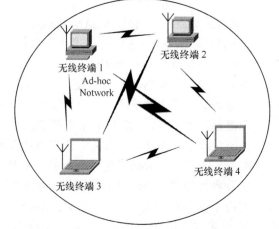

图 14-3　Ad-hoc 组网模式

模式，该接入方式以星形拓扑为基础，以接入点（AP）为中心，所有的基站通信要通过 AP 转接。其应用时，既可以 AP 为中心建立一个无线局域网，也可以把 AP 作为有线网的扩展部分。其支持 TCP/IP 和 IPX 等多种网络协议，如图 14-4 所示。这是 WLAN 的主要应用方式之一。

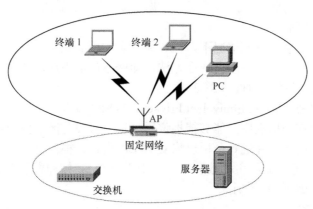

图 14-4　infrastructure 组网模式

3. 多接入点组网模式

在这种模式下，多个接入点可以构建自己的独立域，也可以组建为一个大的统一域，让基站在域内无缝漫游，如图 14-5 所示。

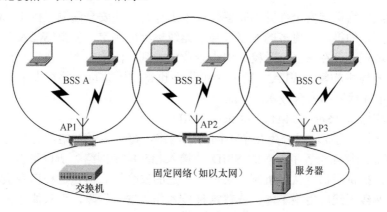

图 14-5　多接入点组网模式

14.2.4　WLAN 安全系统

1. WLAN 面临的安全问题

无线局域网采用公共的电磁波作为载体，电磁波能够穿过天花板、玻璃、楼层、砖、墙等物体，因此在一个无线局域网 AP 所服务的区域中，任何一个无线客户端都可以接收到此 AP 的电磁波信号，一些恶意用户也可能接收到 WLAN 信号。这样的恶意用户在无线局域网中相对于有线局域网而言，窃听或干扰信息就容易得多。

WLAN 所面临的安全威胁主要有以下几类。

（1）网络窃听

一般来说，大多数网络通信都是以明文（非加密）格式出现的，这就会使处于无线信号覆盖范围之内的攻击者可以监听并破解（读取）信息。这类攻击是企业管理员面临的最大安全问题。如果没有基于加密的强有力的安全服务，数据就很容易在传输时被他人读取并利用。

（2）AP 中间人欺骗

在没有足够的安全防范措施情况下，很容易受到利用非法 AP 进行的中间人欺骗攻击。解决这种攻击的通常做法是采用双向认证方法，即网络认证用户，同时用户也认证网络，以及基于应用层的加密认证，如 HTTPS+Web。

（3）有线等效保密（Wired Equivalent Privacy，WEP）破解

现在互联网上存在一些程序，能够捕捉位于 AP 信号覆盖区域内的数据包，收集到足够的 WEP 弱密钥加密的包，并进行分析以恢复 WEP 密钥。根据监听无线通信的机器速度、WLAN 网络内发射信号的无线主机数量，以及由于 802.11 帧冲突引起的 IV 重发数量，最快可以在 1 小时内攻破 WEP 密钥。

（4）MAC 地址欺骗

即使 AP 启用了 MAC 地址过滤，使未授权的黑客的无线网卡不能连接 AP，这并不意味着能阻止黑客侦听无线信号。通过某些软件分析截获的数据，能够获得 AP 允许通信的 MAC 地址，这样，黑客就能利用 MAC 地址伪装等手段入侵网络了。

2. WLAN 业界的安全技术

早期的无线网络标准安全性并不完善，技术上存在一些安全漏洞。由于 WLAN 标准是公开的，随着使用的推广，更多的专家参与了无线标准的制定，使得 WLAN 的安全技术迅速成熟起来。现在不仅在家庭、学校、中小企业中得到广泛的应用，在安全最为敏感的大企业、大银行、政府机构等，WLAN 的安全可靠性也得到了认可，并在大量地推广使用。下面是业界常见的无线网络安全技术。

（1）服务集标识（Service Set Identifier，SSID）

SSID 将一个无线局域网分为几个不同的子网络，每一个子网络都有其对应的身份标识（SSID），只有无线终端设置了配对的 SSID 才接入相应的子网络。所以可以认为 SSID 是一个简单的口令，提供了口令认证机制，实现了一定的安全性。但是这种口令极易被无线终端探测出来，企业级无线应用绝不能只依赖这种技术作为安全保障，而只能作为区分不同无线服务区的标识。

（2）MAC 地址过滤

每个无线工作站网卡都由唯一的物理地址（MAC）标识，该物理地址编码方式类似于以太网物理地址，为 48 位。网络管理员可在无线局域网接入点（AP）中手工维护一组允许通过 AP 访问网络的地址列表，以实现基于物理地址的访问过滤。

MAC 地址过滤具有的好处和优势。

① 简化了访问控制。

② 接受或拒绝预先设定的用户。

③ 被过滤的 MAC 地址不能进行访问。

④ 提供了第 2 层的防护。

MAC 地址过滤的缺点如下。

① 当 AP 和无线终端数量较多时，大大增加了管理负担。

② 容易受到 MAC 地址伪装攻击。

（3）802.11 WEP

① WEP。IEEE80211.b 标准规定了一种被称为有线等效保密（WEP）的可选加密方案，其目的是为 WLAN 提供与有线网络相同级别的安全保护。WEP 采用静态的有线等同保密密钥的基本安全方式。静态 WEP 密钥是一种在会话过程中不发生变化也不针对各个用户而变化的密钥。

WEP 在传输上提供了一定的安全性和保密性，能够阻止有意或无意的无线用户查看到在 AP 和 STA 之间传输的内容，其优点在于：

- 全部报文都使用校验和加密，提供了一些抵抗篡改的能力。
- 通过加密来维护一定的保密性，如果没有密钥，就难把报文解密。
- WEP 非常容易实现。
- WEP 为 WLAN 应用程序提供了非常基本的保护。

WEP 的缺点如下。

- 静态 WEP 密钥对于 WLAN 上的所有用户都是通用的，这意味着如果某个无线设备丢失或者被盗，所有其他设备上的静态 WEP 密钥都必须进行修改，以保持相同等级的安全性。这将给网络管理员带来非常费时费力的、不切实际的管理任务。
- 缺少密钥管理，WEP 标准中并没有规定共享密钥的管理方案，通常是手工进行配置与维护。由于同时更换密钥费时与困难，所以密钥通常长时间使用而很少更换。
- ICV 算法不合适，ICV 是一种基于 CRC-32 的用于检测传输噪声和普通错误的算法。CRC-32 是信息的线性函数，这意味着攻击者可以篡改加密信息，并很容易地修改 ICV，使信息表面上看起来是可信的。
- RC4 算法存在弱点，在 RC4 中，人们发现了弱密钥。所谓弱密钥，就是密钥与输出之间存在超出一个好密码所应具有的相关性。攻击者收集到足够使用弱密钥的包后，就可以对它们进行分析，只需尝试很少的密钥就可以接入到网络中。
- 认证信息易于伪造，基于 WEP 的共享密钥认证的目的就是实现访问控制，然而事实却截然相反，只要通过监听一次成功的认证，攻击者以后就可以伪造认证。启动共享密钥认证实际上降低了网络的总体安全性，使猜中 WEP 密钥变得更为容易。

② WEP2。为了提供更高的安全性，Wi-Fi 工作组提供了 WEP2 技术，该技术与 WEP 算法相比，只是将 WEP 密钥的长度由 40 位加长到 128 位，初始化向量 IV 的长度由 24 位加长到 128 位。然而 WEP 算法的安全漏洞是由 WEP 机制本身引起的，与密钥的长度无关，即使增加密钥的长度，也不能增强其安全程度。也就是说 WEP2 算法并没有起到提高安全性的作用。

（4）802.lx/EAP 用户认证

802.1x 是针对以太网而提出的基于端口进行网络访问控制的安全性标准草案。基于端口的网络访问控制，利用物理层特性对连接到 LAN 端口的设备进行身份认证。如果认证失败，则禁止该设备访问 LAN 资源。

尽管 802.1x 标准最初是为有线以太网设计制定的，但它也适用于符合 802.11 标准的无线局域网，且被视为是 WLAN 的一种增强性网络安全解决方案。

在采用 802.1x 的无线 LAN 中，无线用户端安装 802.1x 客户端软件作为请求方，无线接入点（AP）内嵌 802.1x 认证代理作为认证方，同时它还作为 Radius 认证服务器的客户端，负责用户与 Radius 服务器之间认证信息的转发。

（5）Wi-Fi 网络安全接入（Wi-Fi Protected Access，WPA）

为使 WLAN 技术从安全性得不到很好保障的困境中解脱出来，IEEE 802.11 的 i 工作组致力于制定被称为 IEEE 802.11i 的新一代安全标准，这种安全标准是为了增强 WLAN 的数据加密和认证性能，定义了 RSN（Robust Security Network）的概念，并且针对 WEP 加密机制的各种缺陷做了多方面的改进。

但市场对于提高 WLAN 安全的需求十分紧迫，IEEE 802.11i 的进展不能满足这一需要。在这种情况下，Wi-Fi 联盟制定了 WPA 标准。WPA 是 IEEE 802.11i 的一个子集，为用户提供一个临时性的解决方案，其核心就是 IEEE 802.lx 和临时钥匙完整性协定（TemporalKey Integrity Protocol，TKIP）。WPA 采用了 802.lx 和 TKIP 来实现对 WLAN 的访问控制、密钥管理与数据加密。

2004 年 6 月 IEEE 802.11i 制定完毕。于是，Wi-Fi 联盟经过修订后重新推出了具有与 IEEE 802.11i 标准相同功能的 WPA2。WPA2 实现了 802.11i 的强制性元素，特别是 Michael 算法由公认彻底安全的 CCMP 信息认证码所取代，而 RC4 也被 AES 取代。

14.3 WLAN 室内外分布覆盖

14.3.1 WLAN 室内外分布覆盖的基本概念

依据 WLAN 系统工程设计相关规范，WLAN 无线信号覆盖分为室内覆盖和室外覆盖两种。室内覆盖中室内分布型 AP 设备和室内放装型 AP 设备属于自治式组网方式，集中控制型 AP 设备属于集中式组网方式。

1. 室内覆盖设计原则

系统室内覆盖采用新建（改造）综合分布系统或室内独立 AP 放装方式进行覆盖。已有室内分布系统的楼宇，宜改造原有系统，引入 WLAN 信号合路覆盖。设计应遵循以下原则。

（1）室内综合分布系统应做到结构简单，工程实施容易，不影响目标建筑物原有的结构和装修。

（2）室内无线综合分布系统应具有良好的兼容性和可扩充性，应满足 3G、WLAN 等系统的接入要求。

（3）目标覆盖区域内应避免与室外信号之间过多的切换和干扰，避免对室外 AP 布局造成过多的调整。

（4）系统拓扑结构应易于拓展与组合，便于后续改造引入移动业务，增加 AP 等。

（5）应根据链路预算和原室内分布系统结构，合理选择合路点的安装位置，在满足 WLAN 覆盖、容量要求的前提下，尽量减少合路节点。

（6）室内分布系统信源 AP 安装位置应满足便于调测、维护和散热的需要，设备周围的净空要求按设备的相关规范执行。

（7）室内分布系统信源 AP 供电宜采用本地供电方式。

（8）对于覆盖面积小且布放线缆传输困难的热点区域，宜采用多 AP 直接覆盖热点区域，AP 可视现场环境外置挂放或内置于吊顶中。吊顶中安装应注意满足维护需要。

（9）对于已有分布系统需合路 WLAN 的，应确认现有系统对 WLAN 频段的兼容性，若原系统不支持该频段，应进行改造。

2. 室内覆盖类型

室内覆盖中室内分布型 AP 设备和室内放装型 AP 设备属于自治式组网方式，集中控制型 AP 设备属于集中式组网方式。

（1）室内分布型 AP 设备

对于建筑面积较大、用户分布较广且已建有多系统合用的室内分布系统的场合，如大型办公楼、商住楼、酒店、宾馆、机场、车站等场景宜选用室内分布型 AP 设备，该类型设备接入室内分布系统作为 WLAN 系统的信号源，以实现对室内 WLAN 信号的覆盖，如图 14-6 所示。

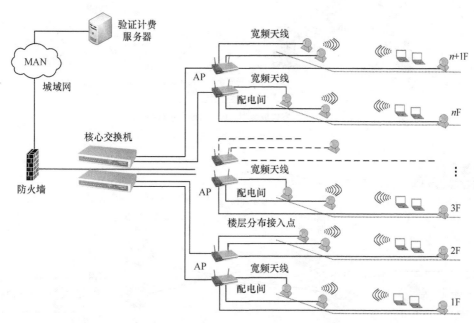

图 14-6 室内分布型 AP 应用场合示意图

（2）室内放装型 AP 设备

对于建筑结构较简单，面积相对较小，用户相对集中的场合及对容量需求较大的区域，如小型会议室、酒吧、休闲中心等场景，宜选用室内放装型 AP 设备，该类型设备可根据不同环境灵活实施分布，如图 14-7 所示。

（3）集中控制型 AP 设备（无线交换机）

对于接入点多、用户量大，且用户分布较为集中的场合，如学校、大型会展中心等大型场所，宜选用集中控制型 AP 设备组网（无线交换机组网方式），如图 14-8 所示。

3. 室外覆盖设计原则

（1）室外空旷区域总体宜按照蜂窝网状布局执行，尽量提高频率复用效率，将信号均匀分布，控制每个 AP 覆盖区域的重叠区域。

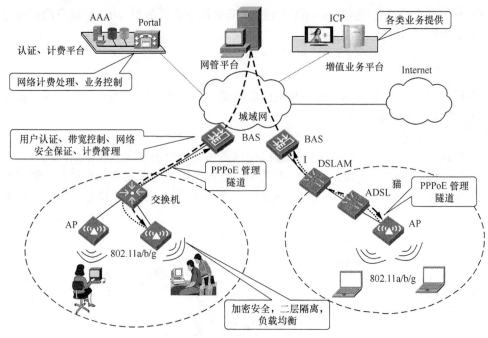

图 14-7　室内放装型 AP 应用场合示意图

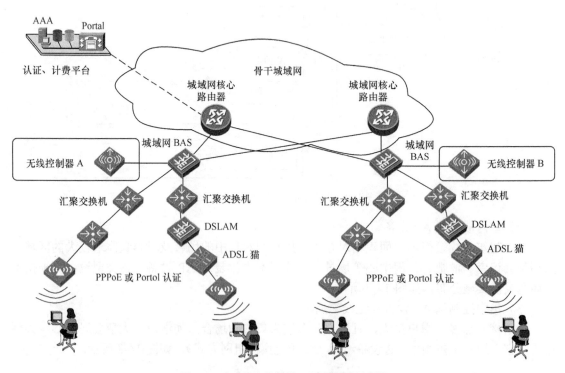

图 14-8　室内集中控制型 AP 应用场合示意图

（2）AP（或天线）宜布放在高处，减少人员走动等环境变化对信号传播的影响，改善 AP 的接收性能。

（3）根据覆盖区业务需求和地貌，选择合适的天线类型。

（4）天线安装位置需远离大功率电子设备，如微波炉、监视器、电机等。

（5）在选择天线布放位置时应注意规避可能影响无线射频信号传播的障碍物，如金属架、金属屏风等物体。

（6）确定天线位置时应对要求覆盖的每一片区域的特点有清楚的了解。

（7）了解在此区域的可能用户的特点以及覆盖区域的建筑结构特点，确定 AP（或天线）的安装位置。

4. 选型和应用

（1）室外蜂窝覆盖

对于中小规模室外覆盖，如公共广场、居民小区、学校校园、公园园区、室外人口较为聚集的空旷地带等场合，宜选用室外放装型 AP 设备，该类型设备可组成蜂窝状网络结构，实现对室外的覆盖，如图 14-9 所示。

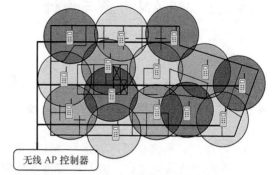

图 14-9　室外蜂窝覆盖示意图

（2）全无线覆盖

对于没有任何入户线缆资源，包括 5 类线、双绞线、分布系统等资源，且对数据业务有较大需求的场合，可采用全无线组网模式，即通过从传输网络拉出 E1 或光纤到应用场合的中心机房，由中心机房通过 Lanswitch 连接多个 AP，在中心机房选择制高点加定向天线方式作为中心机房到各 AP 的传输，通过 AP 背靠背的方式解决没有入户线缆资源情况下的室外全覆盖，如图 14-10 所示。此组网方式宜选用支持 802.11a 的 AP 做桥接，选用支持 802.11g 的 AP 做覆盖。

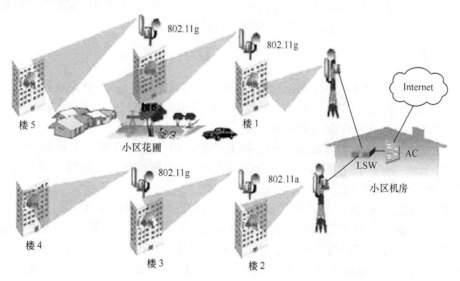

图 14-10　全无线覆盖示意图

（3）大功率 AP 室外覆盖

对于布局简单的直型街道，如商业步行街场景，宜选用大功率室外 AP 设备，该类型设备可在街道两头或街道中段边的楼顶，或商务楼对面的楼宇上安装，并配外置天线来实现对街道的覆盖。

通过以上描述可知室内覆盖适用于大型办公楼、商住楼、酒店、宾馆、机场、车站，以及小型会议室、酒吧、休闲中心等室内场景；而室外覆盖适用于公共广场、居民小区、学校校园、公园园区、室外人口较为聚集的空旷地带，以及对无线数据业务有较大需求的商业步行街等室外场合。

14.3.2　WLAN 勘查与设计

1. 网络设计原则

（1）实用性。遵循面向应用、逐步完善的原则，充分保护已有投资，不设计成华而不实的网络，也不设计成利用率低下的网络，要以实用性的原则要求为依据，建设成最高性价比的 WLAN。

（2）可靠性。系统必须可靠运行，主要的、关键的设备应有冗余，一旦系统某些部分出现故障，应能很快恢复工作，并且不能造成任何损失。

（3）开放性。选择的产品应具有好的互操作性和可移植性，并符合相关的国际标准和工业标准，无论发生任何变化，均能够最大可能地开放标准。

（4）可扩充。系统是一个逐步发展的应用环境，在系统结构、产品系统、系统容量与处理能力等方面必须具有升级换代的可能，这种扩充不仅能充分保护原有资源，而且具有较高的性价比。

（5）可维护。系统具有良好的网络管理、网络监控、故障分析和处理能力，使系统具有极高的可维护性。

（6）安全性。必须具有高度的保密机制，灵活方便的权限设定和控制机制，以使系统具有多种手段来防备各种形式的非法侵入和机密信息的泄露。

2. 工程预测

（1）WLAN 应用环境不同，用户的需求就不一样。例如，企业会议室和咖啡店的用户就有不同的需求，宾馆中的商务人士和闲暇的旅游者也有不同的应用需求。如果不了解用户的需求，WLAN 的构建是否成功就值得怀疑。

（2）费用预测。根据部署规模、所选择的产品，以及诸如服务和支持等因素的不同，WLAN 的实施成本存在很大的差别。当分析 WLAN 的实际成本时，需要识别并考虑每一种相关成本，而其中一些可能并不会立刻表现出来。

（3）性能预测。WLAN 可以提供高速的互联网和企业内部网连接，充分满足用户的应用需要。设计人员必须除了了解应用的类型（商务、玩游戏和观看视频），还要了解同时在线的用户数量，从而调整相应的出口带宽。例如，咖啡店只有 2～3 个同时在线用户，一条500kbit/s 的 DSL 线路就可以满足带宽需求了，但是这样的带宽就不能满足宾馆和大型会议室的需求，必须在带宽的费用和收入这两者之间做出平衡的考虑。

（4）安全预测。越来越多的用户逐步了解到所有的计算机和网络非常容易遭受恶意的攻击。企业网络需要处理许多商务信息，一旦被入侵，将可能造成严重的后果，所以 WLAN 的安全非常重要，企业应该根据自身的情况选择一系列方法来确保 WLAN 的安全。

（5）可行性和灵活性预测。用户希望 WLAN 始终保持畅通，但是 WLAN 的可用性和可靠性与网络的设计有着紧密的关系。不合适、不正确的网络设计和无线信道的干扰就会造成设备复位从而导致连接问题。为了保持 WLAN 的稳定性，最重要的就是实现对网络的监控，发现存在的问题并予以调整和改进。

3. 无线环境的勘查

在 WLAN 的设计中，进行无线环境的勘查是非常重要的一个环节，其中 3 个最为重要的因素是覆盖的范围、用户数量和使用目的。具体而言，要建设一个成功的 WLAN，需要周密地考虑和大量的前期工作，主要包括调查相关地点、确定哪些地点需要进行热点覆盖、勘查要进行覆盖的地点的无线环境、评估覆盖的地点以及放置 AP 的地方。下面就这些方面进行详细的介绍。

（1）RF 勘查

不同于有线传输，无线电波有其自身的传播特性，其传播受环境的影响很大，而传播环境是相当复杂的，如建筑物的阻挡、天气的影响、无线电波间的干扰等，这就决定了无线传播的复杂性。无线电波传输的质量又直接关系到 WLAN 网络的性能，因此在建设 WLAN 时需要仔细地勘查无线环境，进行周密的 RF 规划。

在进行 RF 勘查之前我们需要对无线电波的传播等相关知识有所了解，这些知识所涉及的内容也是 RF 勘查与规划中所需考虑的方面。主要是理论情况下的空间传输损耗、障碍物影响和射频干扰。

无线电波在自由空间传播时，其单位面积中的能量会因为扩散而减少。而一般无线接收器都有一个保证信号能达到某个比特速率的最小接收门限值，如果信号功率小于该门限值，则接收性能会下降。因此，我们最好选用接收门限值低的接收器。这是接收器的灵敏度。接收器的另一个重要参数是信噪比 SNR，计算公式为 $SNR=10\lg（S/N）$，其中 S 表示信号功率，N 表示噪声功率，其单位都是 W，SNR 的单位是 dB。如果噪声电平很小，则系统主要受限于接收器灵敏度；如果噪声电平较大，则取决于 SNR，我们就需要更大的接收功率。在某个频率上没有其他 WLAN 且没有工业噪声的标准环境中，噪声电平大概为-100dBm。

空间无线信号的发射和接收都是依靠天线来实现的，因此天线的性能尤为重要。天线主要参数有增益、输入阻抗、驻波比和极化方式等。天线增益是用来衡量天线朝一个特定方向收发信号的能力，它是选择基站天线最重要的参数之一，天线的输入阻抗是天线馈电端输入电压与输入电流的比值，天线的极化是指天线辐射时形成的电场强度方向。

第二个方面是无线电波在空中传播受到的障碍物影响。影响是多方面的，其中建筑物的穿透损耗影响最大。无线信号是直线传播的，每遇到一个障碍物，无线信号就会被削弱一部分，尤其是浇筑的钢筋混凝土墙体。建筑物的穿透损耗是指电波通过建筑物的外层结构时所受到的衰减，它等于建筑物外与建筑物内的场强中值之差。建筑物的穿透损耗与建筑物的结构、门窗的种类和大小、楼层有很大关系。穿透损耗随楼层高度的变化，一般为-2dB/层，因此，一般都考虑一层（底层）的穿透损耗。实验表明，在 10m 的距离，无线信号穿过两堵砖墙后，仍然可以达到标称的最高传输速率，但再穿过一层楼板后，传输速率将只有标称速率的一半了。可见，钢筋混凝土墙体会极大地削弱无线信号。另外，其他一些建筑物材质，也是无线信号的或大或小的杀手。

在 WLAN 工程中，需要通过现场勘查的方式了解地形、建筑物和周围各种障碍的材质，来确定 WLAN 设备的安装位置。例如，将 AP 置于相对较高的位置，可以有效地消除 AP 与无线终端之间的固定或移动的遮挡物，从而能够保证 WLAN 的覆盖范围，保障 WLAN 的畅通。

射频干扰也是需要考虑的很重要的一个方面。在 RF 勘查时着重要分析 WLAN 受到射频干扰的可能性。在导入 WLAN 网络之前，使用者可用一些简单工具检视某个环境（如住家或办公室）受到射频干扰的可能性。其次，移除 WLAN 射频干扰的来源。解决 WLAN 射频干扰问题最有效也最简单的方法，就是移除任何可能的干扰来源，除非干扰源来自于附近区域的另一个 WLAN，使用者无权拆除对方的 AP。事实上，在使用者可以控制的环境内，上网者只要把一些发射微波的仪器（比如微波炉、无绳电话或蓝牙装置等）关机，WLAN 射频干扰问题就可以获得相当程度的改善。再次，调整 AP 的频谱波段。调整频谱选择射频干扰最低的波段，这个方法虽然不能解决所有 WLAN 射频干扰问题，但值得一试。最后，采用 802.11a 标准。802.11a 采用 5GHz 频谱，在一定时期内，这段频谱的干扰将远较 802.11b 所采用的 2.4GHz 为小。

（2）覆盖范围

环境勘查的下一步就是确定覆盖范围，由此确定需要部署 AP 的个数。无线信号的重叠是非常重要的，它保证漫游的顺利实现，但是它们必须工作在不同的信道上，减少干扰的发生。WLAN 的应用场合主要是在大楼内或大楼间，因此，建筑物的体积、布局、建材以及办公环境内各式各样的干扰源都是影响信号传输质量的因素。同样的一套 WLAN 设备在一个地方信号有效传输距离可能是 100 多米，换个地方可能连 50m 都不到。所以，在确定 AP 位置时，设备的标称值只能作为一个大致的参考，精确的位置必须要通过场地信号强度测试仪和比较试验来定。许多网络厂商都有面向企业的场地信号强度测试产品，效果都不错。

场地信号强度测试工具的种类很多，有基于笔记本、袖珍 PC 的，也有基于 PDA 的。基于袖珍 PC 的测试工具用起来比笔记本灵活，但功能和适应性稍差。如果选用基于 PDA 的测试工具，最好挑选能接标准 PC 卡的那种，因为在标准 PC 卡上附加无线收发功能已是时下非常流行的做法。

（3）用户数量

环境勘查中的另外一个重要因素就是考查用户数量和用户密度。用户的数量将决定网络的出口带宽。正常情况下，一个用户的最少带宽为 100kbit/s，再乘上同时在线的用户数，就是实际需要的网络出口带宽。例如，有 5 个同时在线的用户，那么就需要 500kbit/s 的带宽或者更多。特定区域内的用户数量将决定 AP 部署的个数。在一个多用户的环境中，例如，宾馆会议厅或大堂门厅，就需要更多的 AP 来处理负荷，即使一个 AP 能提供足够的物理信号覆盖。

特别是要注意用户密度和典型用户的带宽需求量。比如，在会议室和教室这种地方，很多用户可能要在同一频道同时上网，这就应该缩小每个频道的覆盖半径，在单位区域里增加可用的频道数；而在仓库这种空旷的地方，同一时段上网的人很少，这就应该尽量扩大单个频道的覆盖半径，并提高天线增益。

还有一个影响带宽需求的因素是网络流量的类型。有些应用，如视频会议，是"吃"带宽的大户；上网浏览和收发电子邮件等应用，虽然占用带宽不多，但如果大量用户同时使用，就会引起带宽的突发性需求。

综合以上各种因素，一个典型 6Mbit/s 带宽的 802.11b 无线频道可以支持 30～50 个或更多的用户。对于某些特别重要的应用或用户，可以考虑配置带流量优先级管理功能的 AP，也可以选配第三方厂商具有同类功能、独立的产品，但成本要高一些。

（4）模型选择

WLAN 的优化设计不仅要从覆盖范围的角度来考虑，还要考虑其负载能力，以保证服务质量。以布置 WLAN 教室为例，假设实际的需求是要保证 30 个学生同时点播多媒体课件，一个 AP 不能满足要求，需要在同一教室里面布置两个 AP。由于用户需求是动态变化的，AP 的实际负载可能会加重或减轻，这些变化可以通过对 WLAN 监视得知。网络管理员应根据实际变化对 AP 的数量和分布做出调整。

还有一个重要的因素就是用户使用 WLAN 的目的，不同的应用采用不同的 WLAN 设计方案。举例来说，咖啡店的 WLAN 使用者可能是学生，而旅馆则更多是商务人士。学生上网喜欢聊天、网络游戏和语音对话，而商务人士更可能的是连接到企业的企业网、收发电子邮件和处理商务。

在进行环境勘查时需要了解用户在 WLAN 上将运行哪些应用，因为这也将决定网络的带宽。网络应用需要的带宽乘上同时在线的用户数量，就是网络需要的最少出口带宽。例如，如果网络应用需要 200kbit/s 的带宽，而同时最多有 5 个在线用户，那么就需要 1Mbit/s 的互联网带宽。

总之，良好的 WLAN 设计不仅可以保证较好的服务质量，也可以减少 AP 的使用数量，从而节约成本，其前提是事先经过充分的实地测量和评估。

（5）拓扑结构的选择

目前有点对点模式、基础架构模式、微蜂窝覆盖模式、网桥模式和中继器模式 5 种组网方式。要根据实际情况（覆盖范围、用户数量等）来选择合适的拓扑结构来构造 WLAN。一般在校园 WLAN 工程中，需要选择多个拓扑结构来满足需要，例如，普通教室和办公室采用单 AP 的基础架构模式，大会议室需要多 AP 模式的微蜂窝覆盖模式，两个楼的连接采用无线网桥模式。

14.4 3G/4G 接入技术

14.4.1 3G 接入技术简介

1. WLAN 和 3G 概述

WLAN 提供了高带宽，但却是在有限的覆盖区域内（建筑物内以及户外的短距离）。根据业界估计，即使 1000 个 WLAN 也不能在一个城域上提供足够的覆盖。与此相比，3G 网络支持跨广域网络的移动性，但是数据吞吐速率明显低于 WLAN。3G 与 WLAN 在覆盖区域和带宽上具有不同的优势和局限性，因此这两种技术支持不同的应用并满足不同的需要。在这个角度上，它们没有相互构成竞争威胁，而是相互补充。

WLAN 目前得到广泛应用的技术是 802.11 家族，它是 IEEE 在 1997 年发表的第一个无线局域网标准，它也被称为 Wi-Fi，可支持 54Mbit/s 的共享接入速率。

3G 最早在 1985 年国际电信联盟中提出，当时考虑到该系统可能在 2000 年左右进入市

场，工作频段在 2000MHz，且最高业务速率为 2000kbit/s，故在 1996 年正式更名为 IMT-2000（International Mobile Telecommunication-2000）。3G 是一种能提供多种类型、高质量多媒体业务的全球漫游移动通信网络，能实现静止 2Mbit/s、中低速 384kbit/s、高速 144kbit/s 速率的通信网。但由于各国、各厂商的利益差异，产生目前 3 大主流技术标准 WCDMA、CDMA2000 和 TD-SCDMA，而焦点集中在 WCDMA（3GPP）和 CDMA2000（3GPP2）上，随着 3GPP 和 3GPP2 的标准化工作逐渐深入和趋向稳定，ITU 又将目光投向能提供更高无线传输速率和统一灵活的全 IP 网络平台的下一代移动通信标准，称为 4G。WLAN 和 3G 主要技术特性对照如表 14-2 所示。

表 14-2　　　　　　　　　　　　WLAN 和 3G 主要技术特性对照

	WLAN	3G
频　带	无需许可	需要许可
速　率	11～54Mbit/s	采用 HSDPA 技术可达 14.4Mbit/s
覆盖适用范围	50～150m	全球漫游通信
业务提供能力	主要是数据业务	语音和数据业务
主要采用技术	FH 跳频/DSSS 直序扩频	CDMA 码分技术
设　备	以数据/PC 为中心	以电信运营为中心
建设费用	低	高

3G、WLAN 在技术属性上不同，因此在它们所支持的功能和应用上也不同。

（1）3G 支持移动性，WLAN 无线局域网支持便携性。

3G 网络是建立在蜂窝架构上的，最适于支持移动环境中的数据服务。蜂窝架构支持不同蜂窝之间的信号切换，从而向用户提供了全网络覆盖的移动性，这种移动性通过不同网络运营商之间的漫游协议进行扩展。当然，可供移动用户使用的带宽是有限的。

WLAN 无线局域网提供了大量的带宽，但是它覆盖区域有限（室内最多 100m）。蓝牙网络只适于距离非常短的应用，很多情况下它们仅仅被用作线缆的替代物。

（2）3G 支持语音和数据，WLAN 无线局域网主要支持数据。

语音和数据信号在许多重要的方面不同，语音信号可以容忍错误但不能容忍时延，数据信号能够允许时延但不能容忍错误。因此，为数据而优化的网络不适合于传送语音信号，为语音而优化的网络也不适于数据信号。WLAN 主要用于支持数据信号，与此形成对比的是，3G 网络的设计用于同时支持语音和数据信号。

2. WLAN 和 3G 的竞争与合作

WLAN 堪称为 3G 的助推器。首先，WLAN 技术有比较高的带宽，弥补了 3G 速率较低的不足。其次，WLAN 相对能够支持比较多的数据用户，弥补 3G 用户容量的不足。WLAN 是基于 IP 技术的，天然是为数据用户设计的，每个单射频 AP 可支持几十个用户同时在线，每个用户实际可获得的速率最高可达 1Mbit/s。再者，WLAN 设备成本低，如果运营商合理规划，在部署 3G 的同时在适当场所增补 WLAN，则可以获得事半功倍的效果。

3G、WLAN 这两种技术存在着某些关联，即这两种技术本质上是互补性的，但差异也是相当明显的。WLAN 主要被定位在室内或小范围内的热点覆盖，提供宽带无线数据业务，发展 VoIP 是其演进方向之一；而对 3G 业务来说，从用户的使用习惯分析可以看到，

3G 所提供的绝大部分的数据业务是在室内低移动速度的环境下实现的，高移动速度情况下，基本是以话音业务为主的，因此两者在室内数据业务方面存在明显的竞争关系。

WLAN 在室内的无线数据业务方面优势明显，但覆盖范围小、移动性差、不支持语音的弱点也很突出；3G 可以提供无线的语音和数据，覆盖和移动性方面优势很大，带宽低是其软肋。考虑到 3G 技术成熟，运营商、设备制造商都进行了大量投入，3G 必将在市场上占据有利的地位，因此 WLAN 只有和 3G 融合，作为 3G 室内接入的一种手段，才能够获得巨大的发展空间，而 3G 接受 WLAN 作为室内接入方式，可促进其业务拓展，因此，合作将为两者的发展提供巨大的机遇，实现双赢。

14.4.2 WiMAX 无线接入技术简介

2007 年 10 月 19 日，在国际电信联盟在日内瓦举行的无线通信全体会议上，经过多数国家的通过，WiMAX 正式被批准成为继 WCDMA、CDMA2000 和 TD-SCDMA 之后的第 4个全球 3G 标准。

WiMAX（Worldwide Interoperability for Microwave Access），即全球微波互联接入。WiMAX 也叫 802.16 无线城域网或 802.16，是又一种为企业和家庭用户提供"最后一公里"的宽带无线连接方案，能提供面向互联网的高速连接，数据传输距离最远可达 50km。

WiMAX 系统具有下面几个基本特征。

（1）实现更远的传输距离。WiMAX 所能实现的 50km 的无线信号传输距离是无线局域网所不能比拟的，网络覆盖面积是 3G 发射塔的 10 倍，只要少数基站建设就能实现全城覆盖，这样就使得无线网络应用的范围大大扩展。

（2）提供更高速的宽带接入。据悉，WiMAX 所能提供的最高接入速度是 70Mbit/s，这个速度是 3G 所能提供的宽带速度的 30 倍。对无线网络来说，这的确是一个惊人的进步。

（3）提供优良的最后一公里网络接入服务。作为一种无线城域网技术，它可以将 Wi-Fi热点连接到互联网，也可作为 DSL 等有线接入方式的无线扩展，实现最后一公里的宽带接入。WiMAX 可为 50km 线性区域内提供服务，用户无需线缆即可与基站建立宽带连接。

（4）提供多媒体通信服务。由于 WiMAX 较之 Wi-Fi 具有更好的可扩展性和安全性，从而能够实现电信级的多媒体通信服务，支持语音、视频和 Internet 业务。

但 WiMAX 也存在着以下 3 大劣势。

（1）从标准来讲，WiMAX 技术不能支持用户在移动过程中无缝切换。其速度只有50km/h，在高速移动时，WiMAX 达不到无缝切换的要求，跟 3G 的 3 个主流标准相比，其性能相差是很大的。

（2）WiMAX 严格意义讲不是一个移动通信系统的标准，只是一个无线城域网技术。

（3）WiMAX 要到 802.16m 才能成为具有无缝切换功能的移动通信系统。

14.4.3 HSDPA 技术

对高速移动分组数据业务的支持能力是 3G 系统最重要的特点之一。WCDMA R99 版本可以提供 384 kbit/s 的数据速率，这个速率对于大部分现有的分组业务而言基本够用。然而，对于许多对流量和迟延要求较高的数据业务如视频、流媒体和下载等业务，需要系统提供更高的传输速率和更短的时延。为了更好地发展数据业务，3GPP 从这两方面对空中接口做了改进，在 R5 版本中引入高速下行分组接入（HSDPA）技术。HSDPA 在大大增加网络容量的同时还能使运营商投入成本最小化，被誉为后 3G 时代的主要解决方案之一，为 UMTS 向更高数据传输速率和更高容量演进提供了一条平稳途径，就如在 GSM 网络中引入 EDGE 一样。

根据 3GPP 的定义，HSDPA 的发展将主要分为 3 个阶段。在 HSDPA Phase 1（基本 HSDPA 阶段），通过使用链路自适应和适应性调制（QPSK/16QAM）、HARQ 及快速调度等技术，将峰值速率提高到 10.8～14.4 Mbit/s；在 HSDPA Phase 2（增强 HSDPA 阶段），通过引入一系列天线阵列处理技术，峰值速率可提高到 30 Mbit/s；在 HSDPA Phase 3（HSDPA 进一步演进阶段），通过引入 OFDM 空中接口技术和 64QAM 等，将峰值速率提高到 100Mbit/s 以上。

HSDPA 是一个非对称解决方案，允许下行吞吐能力远远超过上行吞吐能力，从而有效提高频谱效率。HSDPA 技术的理论数据传输速率最高可达 14.4Mbit/s（HSDPA Phase 1），平均可提供 2～3Mbit/s 的下行速率。该技术允许充分覆盖地区内的用户共享带宽，从而为每位用户提供 300 kbit/s～1Mbit/s 的下行链路，足以媲美当前的无线局域网和国内固定宽带线路。

14.4.4 LTE 接入技术

长期演进（Long Term Evolution，LTE）是由第三代合作伙伴计划（The 3rd Generation Partnership Project，3GPP）组织制定的通用移动通信系统（Universal Mobile Telecommunications System，UMTS）技术标准的长期演进，于 2004 年 12 月在 3GPP 多伦多会议上正式立项并启动。LTE 系统引入了正交频分复用（Orthogonal Frequency Division Multiplexing，OFDM）和多输入多输出（Multi-Input & Multi-Output，MIMO）等关键传输技术，显著增加了频谱效率和数据传输速率。LTE 系统有两种制式 FDD-LTE 和 TDD-LTE，即频分双工 LTE 系统和时分双工 LTE 系统，二者技术的主要区别在于空中接口的物理层上，像帧结构、时分设计、同步等。FDD-LTE 系统空口上下行传输采用一对对称的频段接收和发送数据，而 TDD-LTE 系统上下行则使用相同的频段在不同的时隙上传输，相对于 FDD 双工方式，TDD 有着较高的频谱利用率。

LTE 尽管被宣传为 4G 无线标准，但它其实并未被 3GPP 认可为国际电信联盟所描述的下一代无线通信标准 IMT-Advanced，直到 2010 年 12 月 6 日国际电信联盟才把 LTE 的升级版 LTE Advanced 正式称为 4G。

2013 年 12 月 4 日工信部正式向中国移动、中国电信和中国联通 3 大运营商发布 4G 牌照，均为 TDD-LTE 牌照。2014 年 6 月 27 日工信部批准中国电信、中国联通分别在 16 个城市开展 FDD-LTE 和 TDD-LTE 混合组网试验，而 FDD-LTE 牌照将在条件成熟后再发放。

LTE 着重考虑的方面主要包括降低时延、提高用户的数据率、增大系统容量和覆盖范围以及降低运营成本等。LTE 的目标主要包括以下的内容。

（1）支持 1.25～20MHz 带宽。

（2）极大提高峰值数据速率（在 20MHz 带宽下支持下行 100Mbit/s、上行 50Mbit/s 的峰值速率）。

（3）在保持现有基站位置的同时提高小区边缘比特速率。

（4）有效提高频谱效率（3GPP 版本 6 的 2～4 倍）。

（5）将接入网时延降到 10ms 以下，将控制平面时延降到 100ms 以内。

（6）降低空中接口和网络架构的成本。

（7）支持增强的 IP 多媒体子系统（IP Multimedia Sub-system，IMS）和核心网；尽可能保证后向兼容，有效地支持多种业务类型，尤其是分组域（PS-Domain）业务（如 VoIP 等）。

（8）优化系统为低移动速度终端提供服务，同时也应支持高移动速度终端。

（9）支持增强型的广播多播业务。

（10）系统应该能工作在对称和非对称频段，尽可能简化处于相邻频带运营商共存的问题。

14.5　Tenda W311R 无线宽带路由器产品简介

本实训选用的是 Tenda W311R 无线宽带路由器，该设备集路由器、无线接入点、四口交换机、防火墙于一体。设备的后面板接口如图 14-11 所示。

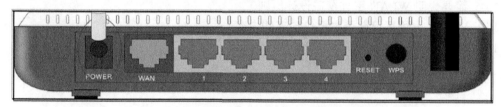

图 14-11　Tenda W311R 无线宽带路由器后面板接口图

面板接口说明如下（从左到右）。

（1）POWER：电源适配器输入接口。

（2）WAN：提供 1 个百兆以太网接口，可以连接 MODEM、交换机、路由器等以太网设备。

（3）LAN（1，2，3，4）：提供 4 个百兆以太网接口，可以连接以太网交换机、以太网路由器、计算机网卡等。

（4）RESET：系统复位按钮，当您按住此键 7 秒后，路由器设定的资料将被删除，并恢复出厂设置。

（5）WPS：WPS 按钮，按住 1 秒钟左右，将启用 WPS 功能，对应 WPS 指示灯将闪烁。

14.6　总结

（1）无线接入技术指通过无线介质将用户终端与网络节点连接起来，以实现用户与网络间的信息传递，目前主要有 3G/4G 无线网、蓝牙和 WLAN 等网络。无线信道传输的信号应遵循一定的协议，这些协议即构成无线接入技术的主要内容。WLAN 主要采用 802.11a、802.11b、802.11g 和 802.11n 协议。

（2）WLAN 室内外分布覆盖应遵循相应的设计原则，WLAN 网络设计应遵循实用性、可靠性、开放性、可扩充、可维护和安全性等原则，WLAN 无线环境的勘查主要包括 RF 勘查、覆盖范围、用户数量、模型选择和拓扑结构的选择等方面的内容。

（3）3G 是一种能提供多种类型、高质量多媒体业务的全球漫游移动通信网络，能实现静止 2Mbit/s、中低速 384kbit/s、高速 144kbit/s 速率的通信网。目前有 4 大主流技术标准 WCDMA、CDMA2000、TD-SCDMA 和 WiMAX。HSDPA 为 WCDMA 网络向更高数据传输速率和更高容量演进提供了一条平稳途径，HSDPA 技术的理论数据传输速率最高可达 14.4 Mbit/s。LTE 系统有两种制式 FDD-LTE 和 TDD-LTE，2013 年 12 月 4 日工信部正式向中国移动、中国电信和中国联通 3 大运营商发布 TDD-LTE 牌照，2014 年 6 月 27 日工信部批准中国电信、中国联通分别在 16 个城市开展 FDD-LTE 和 TDD-LTE 混合组网试验。

14.7 思考题

14-1 简述无线局域网的几个发展趋势。

14-2 列出一些主要无线局域网标准。

14-3 列举 WLAN 业界常用的几种安全技术。

14-4 简要说明 WLAN 室内覆盖设计原则。

14-5 简要说明 WLAN 室外覆盖设计原则。

14-6 WLAN 无线环境勘查主要包含哪些内容？

14-7 3G 的主要技术标准有哪些？

第 15 章

组建无线局域网的实训

15.1 实训目的

- 掌握无线路由器的配置及安装。
- 能分析无线局域网的网络结构。
- 能够对安装配置好的无线网络进行测试。
- 会对手机等终端进行无线网络设置。

15.2 实训规划（组网、数据）

15.2.1 组网规划

无线局域网 WLAN 实训组网如图 15-1 所示。

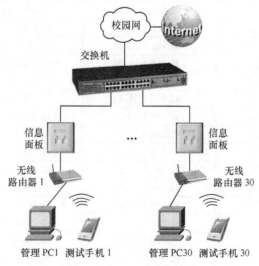

图 15-1　WLAN 实训组网图

组网说明：

本实训平台配有一台二层以太网交换机、30 台管理 PC、30 台腾达/TENDA W311R 路由器和同学自己的手机。以太网交换机的上联口通过网线接入校园网，经校园网与 Internet 互

连，管理 PC 通过网线与腾达/TENDA W311R 路由器 LAN（1，2，3，4）口中的任一以太网接口相连，腾达/TENDA W311R 路由器 WAN 口通过网线与信息面板的以太网接口相连。管理 PC 既可以用于对腾达/TENDA W311R 路由器的管理配置，也可以作为一台普通 PC 机通过路由器来实现上网。在路由器配置完成后，同学可以用自己的手机启用 Wi-Fi 功能，查找到与自己对应的实训路由器并相连接，测试是否能与互联网相连，以模拟网线局域网上网。

15.2.2　数据规划

本实训中所有 30 台无线路由器 WAN 口的网关地址为：192.168.1.1，DNS 地址为：218.85.157.99，备用 DNS 地址为：218.85.152.99，其他相关 IP 地址的配置参数如表 15-1 所示。

实训中各无线路由器的无线信号名称（SSID）为：姓名的拼音_学号，如 zhangsan_1。

表 15-1　　　　　　　　　　　　WLAN 实训 IP 规划表

管理 PC	管理 PC IP 地址	路由器 WAN 口 IP 地址	DHCP 起始 IP 地址	DHCP 结束 IP 地址
PC01	192.168.0.2/24	192.168.1.2/24	192.168.0.100	192.168.0.101
AP02	192.168.0.3/24	192.168.1.3/24	192.168.0.102	192.168.0.103
AP03	192.168.0.4/24	192.168.1.4/24	192.168.0.104	192.168.0.105
AP04	192.168.0.5/24	192.168.1.5/24	192.168.0.106	192.168.0.107
AP05	192.168.0.6/24	192.168.1.6/24	192.168.0.108	192.168.0.109
AP06	192.168.0.7/24	192.168.1.7/24	192.168.0.110	192.168.0.111
AP07	192.168.0.8/24	192.168.1.8/24	192.168.0.112	192.168.0.113
AP08	192.168.0.9/24	192.168.1.9/24	192.168.0.114	192.168.0.115
AP09	192.168.0.10/24	192.168.1.10/24	192.168.0.116	192.168.0.117
AP10	192.168.0.11/24	192.168.1.11/24	192.168.0.118	192.168.0.119
AP11	192.168.0.12/24	192.168.1.12/24	192.168.0.120	192.168.0.121
AP12	192.168.0.13/24	192.168.1.13/24	192.168.0.122	192.168.0.123
AP13	192.168.0.14/24	192.168.1.14/24	192.168.0.124	192.168.0.125
AP14	192.168.0.15/24	192.168.1.15/24	192.168.0.126	192.168.0.127
AP15	192.168.0.16/24	192.168.1.16/24	192.168.0.128	192.168.0.129
AP16	192.168.0.17/24	192.168.1.17/24	192.168.0.130	192.168.0.131
AP17	192.168.0.18/24	192.168.1.18/24	192.168.0.132	192.168.0.133
AP18	192.168.0.19/24	192.168.1.19/24	192.168.0.134	192.168.0.135
AP19	192.168.0.20/24	192.168.1.20/24	192.168.0.136	192.168.0.137
AP20	192.168.0.21/24	192.168.1.21/24	192.168.0.138	192.168.0.139
AP21	192.168.0.22/24	192.168.1.22/24	192.168.0.140	192.168.0.141
AP22	192.168.0.23/24	192.168.1.23/24	192.168.0.142	192.168.0.143
AP23	192.168.0.24/24	192.168.1.24/24	192.168.0.144	192.168.0.145
AP24	192.168.0.25/24	192.168.1.25/24	192.168.0.146	192.168.0.147
AP25	192.168.0.26/24	192.168.1.26/24	192.168.0.148	192.168.0.149
AP26	192.168.0.27/24	192.168.1.27/24	192.168.0.150	192.168.0.151
AP27	192.168.0.28/24	192.168.1.28/24	192.168.0.152	192.168.0.153
AP28	192.168.0.29/24	192.168.1.29/24	192.168.0.154	192.168.0.155
AP29	192.168.0.30/24	192.168.1.30/24	192.168.0.156	192.168.0.157
AP30	192.168.0.31/24	192.168.1.31/24	192.168.0.158	192.168.0.159

15.3　实训原理——手机 Wi-Fi 上网设置

本实训原理主要介绍基于 Andriod（安卓）和 iOS（苹果系统）操作系统的手机 Wi-Fi 上网设置。

1. 安卓手机 Wi-Fi 上网设置

（1）在手机主菜单上找到"设置"一项，如图 15-2 所示。

图 15-2　手机主界面

图 15-3　手机无线控件界面

（2）单击进入"设置"菜单，接着单击"无线控件"这一项，如图 15-3 所示。

说明："无线控件"的主要作用就是管理 Wi-Fi、蓝牙等一些无线网络。

（3）进入"无线控件"后，就可以看到我们所需要的"Wi-Fi 设置"选项，单击"Wi-Fi 设置"，然后搜索周边的 Wi-Fi 网络，如图 15-4 所示。

图 15-4　手机 Wi-Fi 设置界面

2. iPhone 手机的 Wi-Fi 设置

（1）选择 AP 无线路由器。单击进入 iPhone 的设置 Settings→Wi-Fi 页面，如图 15-5 所

示。单击 Wi-Fi 菜单项后，iPhone 会自动搜索区域内可见的接入点，显示如图 15-6 所示。

图 15-5　iPhone 手机设置界面

图 15-6　iPhone 手机 Wi-Fi 网络界面

　　其中的每个条目表示一个接入点(一个路由器)，如果接入点要求认证，会在条目上出现一个锁标记（加入时需要输入密码）。

　　（2）使用 DHCP 自动配置。先单击一次需要使用的 AP 无线路由器，在该 AP 左面会出现一个勾，表示当前选中的 AP，默认情况下 iPhone 自动选择 DHCP 方式尝试连接，如图 15-7 所示，如果 AP 要求认证，会弹出密码输入窗口，输入密码就可以了。成功后，在屏幕的左上角出现一个符号，表示连接成功，该符号会随信号强度变化而变化。

　　（3）手工配置。如果 AP 仅仅作为交换机使用时，需要手工设置 IP 等信息，这时候，先单击需要使用的 AP（左面出现勾），然后单击 AP 右边的符号，会进入 AP 设置屏幕，如图 15-8 所示。由于我们需要手工设置信息，因此单击 Static 静态按钮，出现如下屏幕，在这个屏幕就可以手工设置连接的每一个选项，比如下面就是设置 IP 地址的屏幕。

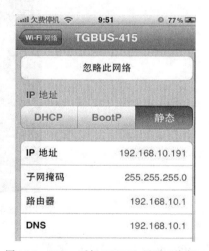

图 15-7　iPhone 手机 TGBUS 界面　　　　　　图 15-8　iPhone 手机 TGBUS 界面（静态）

设置好相关的信息后单击 Wi-Fi Networks（Wi-Fi 网络）按钮生效。

（4）设置隐藏的 AP。有些 AP 无线路由器可能不允许被搜索，这时候可以手工设置。单击搜索到路由器列表下面的 Others "其他"，出现如图 15-9 所示界面。

在 Name 名称处输入 AP 无线路由器的准确名称，然后单击 Security 安全性，出现认证屏幕，如图 15-10 所示。

图 15-9　iPhone 手机网络设置界面

图 15-10　iPhone 手机网络安全性界面

选择指定的认证方式，然后按照需要输入认证信息，完成后单击 Other Networks 按钮回到 Wi-Fi 菜单就设置好了。

15.4　实训步骤与记录

以管理 PC01 完成对无线路由器 1 的配置为例，其操作步骤如下。

步骤 1：按照图 15-1 所示，先连接好网线部分，检查连接无误后，最后接上无线路由器的电源适配器，完成管理 PC 的开机操作。

步骤 2：参见第 4 章实训步骤 1，按照第 15.2 节的数据规划设置管理 PC01 的静态 IP 地址，ping 通 192.168.0.1，如图 15-11 所示。

图 15-11　ping 通 192.168.0.1

步骤 3：打开 IE 浏览器，在地址栏内输入"http://192.168.0.1"并回车，进入如图 15-12 所示界面。

图 15-12　无线路由器登录界面

步骤 4：单击图 15-12 中所示的"高级设置"链接，进入如图 15-13 所示界面。

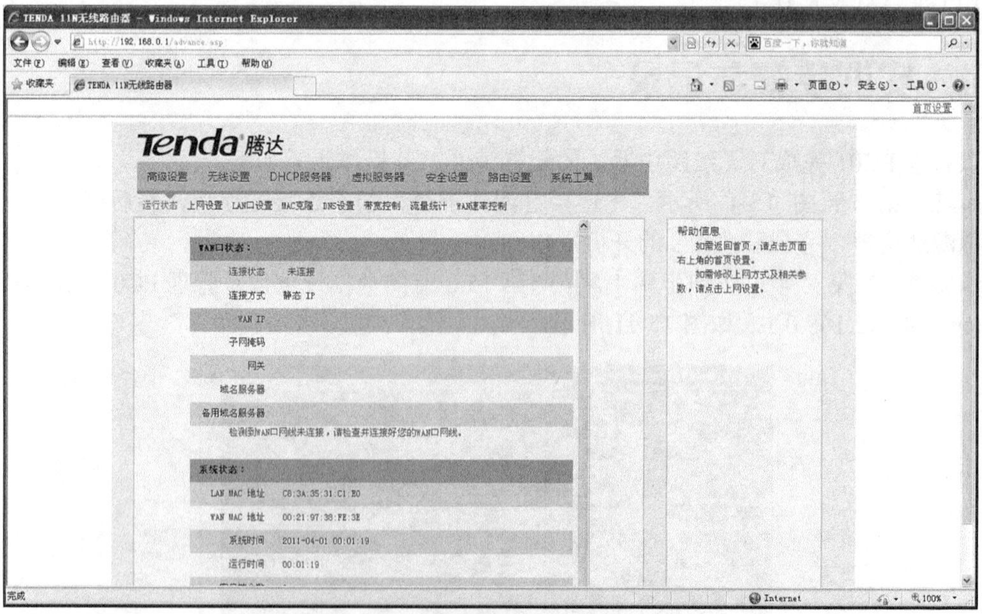

图 15-13　无线路由器的主配置界面

步骤 5：单击"高级设置/上网设置"，选择上网方式为"静态 IP"，按照表 15-1 输入 IP 地址、子网掩码、网关、DNS 服务器、备用 DNS 服务器等参数，如图 15-14 所示。单击"确定"按钮，弹出"WAN 口已连接状态"界面，如图 15-15 所示。此时管理 PC 应能与互

联网相通，可以另打开一个 IE 浏览器，在地址栏中输入"www.sina.com.cn"，看是否能正
常打开网页。

图 15-14　无线路由器的 WAN 配置界面

图 15-15　WAN 口已连接状态界面

步骤 6：单击"无线设置/无线基本设置"，输入"无线信号名称（SSID）"，并单击"确
定"按钮，如图 15-16 所示。

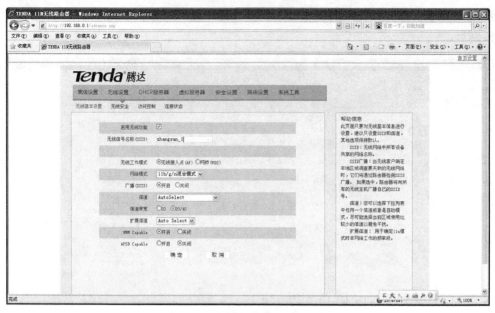

图 15-16　无线基本设置配置界面

步骤 7：单击"无线设置/无线安全"，如图 15-17 所示，安全模式选择为"Mixed WPA/WPA2-PSK"，WPA 加密规则选择为"TKIP"，并输入自己的密码，单击"确定"按钮。

图 15-17　无线安全配置界面

步骤 8：单击"DHCP 服务器/DHCP 服务器"，DHCP 服务器启用选择打勾，按照表 15-1 输入 IP 池开始地址和 IP 池结束地址，并单击"确定"按钮，如图 15-18 所示。

图 15-18 DHCP 配置界面

步骤 9：通过手机 Wi-Fi 测试无线路由器是否能正常上网。参见实训原理，在手机 Wi-Fi 上网设置中找到自己的 SSID 无线路由器，如 zhangsan_1，输入密码，测试是否能正常连接到无线路由器，并浏览网页，QQ 登录/微信登录，测试是否能正常使用各种业务。

15.5 总结

（1）通过本次实训，认识了 WLAN 设备和 WLAN 的系统结构，掌握了无线路由器与计算机的物理连接方法。

（2）通过本次实训掌握了无线路由器的配置方法与技巧。

（3）通过本次实训，加深了一些基本的计算机网络操作知识，如：IP 地址的设置、ping 命令的使用等。

（4）通过本次实训，了解了手机 Wi-Fi 上网的设置方法。

15.6 思考题

15-1 在无线路由器配置完成后，如果管理 PC 机上设置 IP 地址为自动获取，管理 PC 机上的 IP 地址获取情况如何？

15-2 在无线路由器配置完成后，如果在管理 PC 机上不设置网关和 DNS 地址，管理 PC 机能否正常上网？

第六部分

HFC 接入技术

第 16 章

HFC 接入技术

本章主要介绍 HFC 接入网的基本概念、拓扑结构，主要包括传统同轴电缆 CATV 系统、Cable Modem 系统、EoC 系统，重点介绍 EoC 系统的基本原理与典型应用，并通过实际案例加以说明。

16.1 HFC 技术概述

混合光纤同轴网（Hybrid Fiber Coax，HFC）是采用光纤和有线电视网络传输数据的宽带接入技术，它从传统有线电视网发展而来。传统的有线电视网多为同轴电缆系统或微波电缆系统，出现于 1970 年左右，自 20 世纪 80 年代中后期以来有了较快的发展。在许多国家，有线电视网覆盖率已经与公用电话网不相上下，甚至超过了公用电话网，成为社会重要的基础设施之一。有线电视网络上原承载的业务一般只有电视和调频广播，这些业务都是单向的，只有从局端（前端）向用户的信号，而没有从用户到前端的信号，用户处于被动接受的位置。随着社会经济的发展，人们对信息需求的不断增加，传统的有线电视网络已经难以满足需求。20 世纪 90 年代初，随着光传输技术的成熟与发展，人们开始考虑在有线电视系统中采用光传输，这种采用了光传输的有线电视网就是混合光纤同轴网。

HFC 的主要优点是：传输容量大，易实现双向传输，从理论上讲，一对光纤可同时传送 150 万路电话或 2000 套电视节目；频率特性好，在有线电视传输带宽内无需均衡；传输损耗小，可延长有线电视的传输距离，25 千米内无需中继放大；光纤间不会有串音现象，不怕电磁干扰，能确保信号的传输质量。

随着 HFC 的推广，人们开始思考如何充分地利用其优点。1993 年年初，Bellcore 提出了在 HFC 上同时传输分配式广播信息、交互式电信信息、模拟信息以及数字信息，实现"全业务"接入。该方案的提出促进了有线电视经营者和电信经营者在经营方面的相互渗透。一时间，无论是有线电视经营者还是电信经营者都把目光投向了 HFC，把它作为宽带接入的优选方案。Internet 的迅速发展使 HFC 技术得以实现，这就是在 HFC 上利用电缆调制解调器（Cable Modem，CM）技术提供高速上网业务。在我国，同轴电缆入户率很高，因此充分利用该资源开展 Internet 接入服务是有线电视运营商的发展方向。如果同轴电缆的双向改造费用能够为用户所接受，并且该项业务的价格用户可以承受，那么利用电缆调制解调技术在 HFC 上传送 IP 数据业务将会迅速发展起来，成为 Internet 接入的一个强有力的竞争者。目前，我国许多地区的 HFC 网络已开始进行了网络双向改造并实现了宽带的数据接入。

HFC 既是一种灵活的接入系统，同时也是一种优良的传输系统，HFC 把铜缆和光缆搭配起来，同时提供两种物理媒质所具有的优良特性。HFC 在向新兴宽带应用提供带宽需求的同时却比 FTTC（光纤到路边）或者 SDV（交换式数字视频）等解决方案成本低，HFC 可同时支持模拟和数字传输，在大多数情况下，HFC 可以同现有的设备和设施合并。

HFC 支持现有的、新兴的全部传输技术，其中包括 ATM、帧中继、同步光纤网络（Synchronous Optical Network，SONET）和交换式多兆位数据服务（SMDS）。一旦 HFC 部署到位，它可以很方便地被运营商扩展以满足日益增长的服务需求以及支持新型服务。总之，在目前和可预见的未来，HFC 都是一种理想的、全方位的服务媒质，是经济实用的综合数字服务宽带网接入技术。

16.2　HFC 网络结构

HFC 网络从传统的同轴电缆 CATV（Cable Television System）网发展而来，但与其相比，HFC 网络结构发生了重要变化。第一，光纤干线采用星形或环状结构；第二，支线和配线网络的同轴电缆部分采用树状或总线式结构；第三，整个网络按照光节点划分成一个服务区。这种网络结构可满足为用户提供多种业务服务的要求。

16.2.1　传统 CATV 网络结构

有线电视系统是采用电缆作为传输媒质来传送电视节目的一种闭路电视系统，它以有线的方式在电视中心和用户终端之间传递声、像信息。所谓闭路，指的是不向空间辐射电磁波。因为早期的有线系统是通过电缆传送信号，故也称为电缆电视系统（Cable Television System，CATV）或闭路电视系统（Closed Circuit Television，CCTV）。随着科学技术的发展，CATV 系统的功能在进一步扩大，已成为计算机技术、数字通信技术的综合运用平台。

早期有线电视网络是采用同轴电缆结构，是一种树型结构网络，从有线电视台出来后不断分级展开，最后到达用户。图 16-1 所示是一个传统的单向业务同轴电缆 CATV 网络结构示意图。

由图 16-1 可知，CATV 系统通常由前端系统、干线传输系统、信号分配系统组成，一般采用树形拓扑结构，利用同轴电缆将 CATV 信号分配给各个用户。

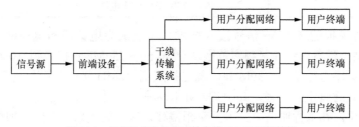

图 16-1　传统的单向业务同轴电缆 CATV 网络结构

该系统中前端负责收集来自卫星传送的电视信号、无线广播的电视信号及经微波传送的电视信号，其主要作用是进行信号处理，它包括：信号接收、信号的分离、信号的放大、电平调整和控制、频谱变换（调制、解调、变频）、信号的混合以及干扰信号的抑制。前端需要的主要设备有：卫星接收机、调制解调器、混合器等。干线传输系统利用干线放大器的中继放大，可以传输较远的距离到居民较集中的地区，使用分配器从主干网分出信号进入分配

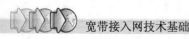

网络。分配网络再将信号用延长放大器（Line Extender）放大，最后从分支器送到用户。而且，这种树型网络还会随居民分布情况的不同，分出更多的层次。

传统树形 CATV 系统的最大优点是技术成熟，成本低，适用于单向广播型电视信号的传送。但其主要局限性在于其业务单一，只能进行视频的传输，只能下行通信，不能双向交互，并且网络结构脆弱，只要一个地方或设备故障，可能导致众多用户中断。

传统的 CATV 已不能满足现代业务（交互式、综合业务）的要求，双向改造势在必行。

16.2.2　HFC 系统的频谱

我国有线电视的频谱规划如图 16-2、表 16-1 所示。

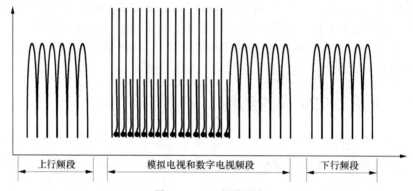

图 16-2　HFC 频谱规划

表 16-1　　　　　　　　　　　　　　　　HFC 频谱规划表

	上行频段 （Upstream data）	模拟和数字电视频段 （Analog TV & Digital TV）	下行频段 （Downstream data）
美标	5～42MHz	50～550MHz 模拟电视 550～750 MHz 数字电视	750～860MHz
欧标	5～65MHz	87～550MHz 模拟电视 550～750 MHz 数字电视	750～860MHz

HFC 是一种模拟的 CATV 信号接入技术，可能成为电话网和电视网的标准。典型的 HFC 系统要提供一种下行路径（频率范围现已从 50～750MHz 扩展到 1000MHz），一个上行逆向的通道（频率范围从 5～30MHz，现已扩展到 42MHz）。数字传送是通过调制解调器信息以打包的形式通过中继传播，其中 QAM 作为关键技术之一，能在下行通道上以一个波特产生 4 个信息位，在上行通道中应用正交相偏移调制，这使系统性能更加稳定。

我国采用的标准接近 EURO DOCSIS，但目前网上 CMTS 设备有许多设备采用 DOCSIS 标准。

目前在 HFC 网络上逐步开展起来的数据业务是交互式业务，不但有从前端送往用户的下行信号，还有从用户上传的上行信号。HFC 接入网应具备承载上下行双向交互式多媒体宽带业务的能力，它应该为多媒体双向交互式业务如视频点播 VOD、电话、Internet 接入、数字数据通信提供充分的下行频带。考虑到有些业务如电话业务，其上行和下行数据量是一样的，因此其上下行信道需要同样的频宽。有些业务如 Internet 接入业务，其上行回传数据是突发式短数据，占用上行回传频带很窄；而另一些业务如数字数据通信业务和电子邮箱则是突发式业务，占用上行回传频带很宽，因此必须全面综合地考虑各种多媒体业务对频谱资源的需求，对采用副载波频分复用 HFC 接入网的频谱资源进行合理分配，为不同业务分配不同的频段，各种业务频段之间还需要设置一个隔离保护频段，频谱分配既要考虑历史和现在，又要考虑未来的发展。

目前 HFC 接入网主要采用低频率分割的双向复用方式，对 750MHz 和 1GHz 带宽的 HFC 接入网，我国 HFC 的频带划分如图 16-3 所示，典型的频率分配为：上行回传频率宽度为 37MHz，频率范围为 5.0～42.0MHz，再把 37MHz 划分成不同的频段，用于不同的多媒体双向业务的上行回传信道，其中 5～8MHz 用来传状态监视信息，8～12MHz 用来传 VOD（视频点播）信令，15～40MHz 用来传电话信号。

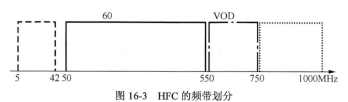

图 16-3　HFC 的频带划分

50～750MHz（或 50～1000MHz）频段为下行信道，用于不同的多媒体双向业务的下行信道。而 42～50MHz 为上下行信道之间的隔离保护频段。其中 50～550MHz 用于传输现有的模拟有线电视信号，每个通路的频带宽度为 6～8MHz，因而总共可以传 60～80 路电视信号。550～750MHz 主要传送附加的模拟有线电视信号或数字有线电视信号，不过目前倾向于传输双向交互型通信业务，特别是 VOD 业务。如果采用 64QAM 调制方式和 MPEG-2 图像信号，那么大致可以传输约 200 路 VOD 信号。

高端的 750～1000MHz 仅用于各种双向通信业务，如个人通信业务，其他未分配的频段可以有各种应用，并可用于分配将来可能出现的其他新业务。

由上面对 HFC 频谱的安排可见：利用频谱分割划分服务区的方法，采用 HFC 方式的网络，可以传送约 60 个频道的模拟电视和 200 多个数字电视，而电话业务的上、下行采用频分复用方式，上行为低频段，下行为高频段，还可传送窄带的数据信号，从而可以开展多媒体双向交互式业务，诸如模拟广播电视、视频点播 VOD、电话、Internet 接入、数字数据通信等。

16.2.3　HFC 系统的网络结构

HFC 接入网是以模拟频分复用技术为基础，综合应用模拟和数字传输技术、光纤和同轴电缆技术、射频技术及高度分布式智能技术的宽带接入网络。通过对现有有线电视网进行双向化改造，使得有线电视网除了可提供丰富、良好的电视节目之外，还可提供电话、Internet 接入、高速数据传输和多媒体等业务。

现代 HFC 网基本上是星型+总线结构，由 3 部分组成，如图 16-4 所示，即由前端、干线和分配网组成。

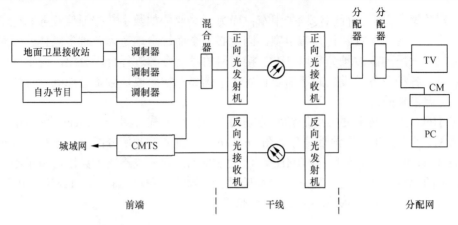

CMTS：HFC 网络数据接入局端设备
CM：电缆调制解调器

图 16-4　HFC 网络结构

1. 前端

CATV 网中对前端的定义是进行电视信号处理的机房，在前端，设备完成有线电视信号的处理，从各种信号源（天线、地面卫星接收站、录像机、摄像机等）解调出音频和视频信号，然后将音/视频信号调制在某个特定的载波上，这个过程称为频道处理。被调制的载波占用 8MHz 的带宽，载波频率有国家标准规定，一路电视信号就是一个频道。在前端多个这样的不同频率的载波被混合，混合的目的是为了将各信号在同一个网络中复用（频分复用）。开展数据业务后，前端设备中又加入了数据通信设备，如路由器、交换机等，可以接收来自因特网的数据。在 HFC 网络中，前端是来自各种信号源的电视信号（卫星、本地）、PSTN、Internet 数据信息的接收与处理中心。

2. 干线

正向信号（有线电视信号载波和下行的数据载波）在前端混合后送往各小区，如果小区离前端的距离很近，直接用同轴电缆就可以传送，在主干线路上的同轴电缆线路叫作干线。干线一般采用低损耗电缆，但一般 300m 左右的距离就需要加入放大器。

如果小区离前端较远，如 5～30km，这样的距离传送就需要采用光传输系统。这里所讲的光传输系统不是指 PDH 或 SDH，而是模拟的光传输系统，模拟光传输系统相对于数字传输系统，要求光端机有较高的发射或接收功率，以保证长距离传输后仍能使信号具有较高的载噪比。光传输系统的作用是将射频信号（RF）调制到光信号上，在光缆上实现远距离传输，在远端光节点上从光信号中还原出 RF 信号。光传输系统中的光发射机一般放置在前端机房，光接收机放置在小区。对于传输距离特别远的线路，可以在线路中加中继，将光放大后再续传。

有些 HFC 网络为了节约资金，在光传输系统或主干线下还使用支干线传输，支干线用的同轴电缆一般较主干线同轴电缆稍小，损耗稍大，但成本要低。

反向信号（上行的数据载波信号）的传输路径与正向信号相反。各用户的上行数据载波信号在远端光节点上汇聚后，调制到反向光发射机，从远端光节点传送到前端机房，在前端机房从反向光接收机还原出 RF 信号，送入 CMTS。正向信号和反向信号一般采用空分的形式在不同的光纤上传送。反向光发射机与正向接收机可以构置在同一个机壳中，称之为光站。

光传输系统结构如图 16-5 所示。

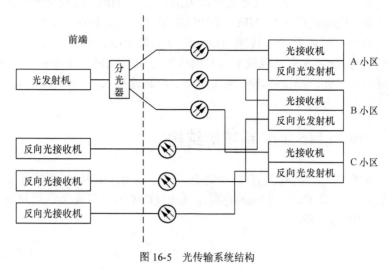

图 16-5 光传输系统结构

3. 分配网和下引线

用户分配网不仅完成正向信号的分配，还完成反向信号的汇聚。正向信号从前端通过干线（光传输系统或同轴电缆）传送到小区后，需要进行分配，以便小区中各用户都能以合适的接收功率收看电视，从干线末端放大器或光接收机到用户终端盒的网络就是用户分配网，用户分配网就是一个由分支分配器串接起来的一个网络，如图 16-6 所示。

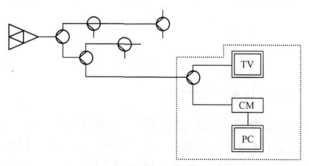

图 16-6 用户分配网络

与传统 CATV 网相比，HFC 网络结构无论从物理上，还是逻辑拓扑上都有重大变化。HFC 网络在 CATV 网中添加电缆调制解调器（Cable Modem）后可构成强大的数据接入网，该网络除实现传统的有线电视外，还可以提供高速的交互式数据业务，是一种廉价的接入方案。HFC 对 CATV 的改进之处在于主干线路采用光纤代替同轴电缆和放大器，提高了容量，为宽带接入奠定了基础。引入光节点，用双向放大器代替原有的单向放大器，重建了前端，前端增加接入 PSTN 的设备（DLC 或 PSTN 交换机）、增加接入 Internet 的设备（Router 或网关），同时保留原视频接收机，增加话音、数据、视频合路和分离的设备；增加光发射器和光接收器；增加网络管理设备或接口。

16.3　Cable Modem 的组网应用

随着有线电视宽带网络传输新技术的不断发展，基于 HFC 的多媒体双向传输技术发展得非常迅速，目前有线电视均采用 HFC 光纤电缆混合网传送模拟电视信号，要想达到传送数字电视信号的目的，就要对现在传输的信号进行宽带调制，也就是要采用 Cable Modem（电缆调制解调器）传输技术来实现数字信号的传输工作。Cable Modem 宽带接入系统充分利用有线电视网的宽带性，高覆盖率实现 Internet 的高速接入，传输多媒体的动态数据信息以及视频、语音等实时信息。

16.3.1　Cable Modem 系统的结构

Cable Modem 系统主要在双向 HFC 网络上工作，是构建 HFC 网络的重要环节。该系统主要由两部分组成，前端 Cable Modem 端接系统（CMTS）和安装在用户房屋内的 Cable Modem（CM），如图 16-7 所示。

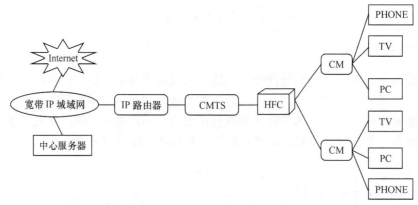

图 16-7　CM 系统结构示意图

1. 前端 Cable Modem 端接系统（CMTS）

CMTS 为前端设备，是个模块化的局端系统，由多种模块组成。CMTS 可覆盖整个网络，可设在前端机房，也可设在分中心或者片区光节点，这要根据网络拥有用户的多少来考虑，CMTS 能在有线电视网和数据网之间起到网关的作用，CMTS 数据传输设备的主要工作就是发送下行和接收上行数据信号，并能提供因特网和 IP 网、有线电视网的路由连接。CMTS 采用 10Base-T、100Base-T 等接口通过交换型 HUB 与外界设备相连，通过路由器与 Internet 连接，或者可以直接连到本地服务器，享受本地业务。

2. 电缆调制解调器（Cable Modem）

电缆调制解调器（Cable Modem）是通过 HFC 有线电视网络进行高速数据接入的设备，终端用户安装 Cable Modem 后即可在有线电视网络中进行数据双向传输，它具备较高的上、下行传输速率，用 Cable Modem 开展宽带多媒体综合业务，可为有线电视用户提供宽带高速 Internet 的接入、视频点播、各种信息资源的浏览、网上多种交易等增值业务。

Cable Modem 本身不单纯是普通的调制解调器，它一般包括调制解调器（Modem）、调谐器、封包/解包设备、路由器、网络接口卡、SNMP 代理和以太网集线器。它无需拨号上网，不占用电话线，可永久连接。服务商的设备同用户的 Modem 之间建立了一个 VLAN（虚拟局域网）连接，大多数的 Modem 提供一个标准的 10Base-T 以太网接口同用户的 PC 设备或局域网集线器相连。

Cable Modem 与以往的 Modem 在原理上都是将数据进行调制后在 Cable（电缆）的一个频率范围内传输，接收时进行解调，传输机理与普通 Modem 相同，不同之处在于它是通过有线电视 CATV 的某个传输频带进行调制解调的。而普通 Modem 的传输介质在用户与交换机之间是独立的，即用户独享通信介质。Cable Modem 属于共享介质系统，其他空闲频段仍然可用于有线电视信号的传输 Cable Modem 提供双向信道，从计算机终端到网络方向称为上行（Upstream）信道，从网络到计算机终端方向称为下行（Downstream）信道。Cable Modem 工作在物理层和数据链路层，Cable Modem 作为用户终端接收设备，通过 10Base-T 接口，与用户计算机相连。它可承载几个至几十个用户，也可为单独一个用户使用，它负责接收 CMTS 送来的下行数据信息，并将信息调制成用户所需的信号，CM 还具备路由器和网桥功能，与 CM 相连的终端设备就是 PC 机，CM 有内置和外置式两种。内置式 CM 通过 PCI 接口与 PC 机相连，外置式 CM 可通过串行接口或以太网接口与 PC 机相连。

16.3.2　Cable Modem 的应用

常规的用于 CATV 的 HFC 网络是单向传输的，而数据传输系统是双向的，这就需对现有的 HFC 网络进行改造。

CMTS+CM 组网方案在光传输部分，下行数据信号和 CATV 的下行信号采用频分复用（FDM）方式共纤传输，上下行数据信号采用空分复用（SDM）方式共缆、不同纤传输，在电缆部分，上下行信号按 FDM 方式同缆传输。此方案适合已建 HFC 网络改造，可利用原网络中预留的光纤和无源分配到户的电缆网络组成双向传输系统，只需要在前端和用户端分别加装 CMTS 和 CM 即可实现双向传输，即采用光纤到小区、电缆调制入户（FTTC+CMTS）方案。

1．适用网络

严格按双向 HFC 网络标准设计和建设的网络。

2．总体组网方案

采用基于 CMTS 技术的双向化改造技术。分前端部署机房反向光接收机、搭建反向射频混合线路；增加光节点和放大器的反向模块；开通光节点至机房的 1310nm 反向光链路，增加高通滤波器；配置机房 CMTS 设备，完成系统开通。网络拓扑结构为"环-星"型，光站输出带一级电放大器或直接覆盖用户，电缆网络采取"双向传输、集中接入"的原则设计。光站和放大器（可选）均需要配置回传模块。

光节点覆盖用户数范围为 500 户以内。组网示意图如图 16-8 所示。

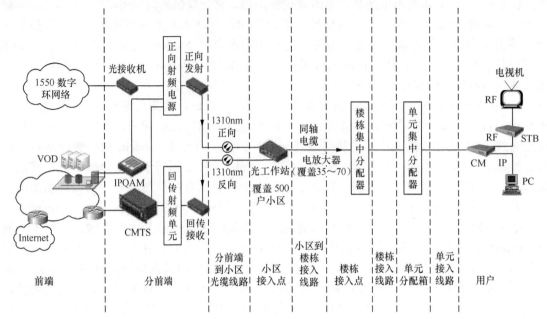

图 16-8　CM 组网示意图

各部分结构分别描述如下。

（1）分前端部署汇聚交换机和 CMTS 前端等设备，提供双向数据业务信号。

（2）分前端至小区接入线路占用 2 芯双向光纤。

（3）小区接入点放置光站，实现正向和回传的 1310nm 波长光信号进行光电和电光转换。

（4）楼栋接入点放置楼栋设备箱，箱内可配置电放大器。

（5）用户信息终端：部署数字机顶盒接收广播式或交互式数字电视信号，并可通过 Cable Modem 向用户提供数据业务。

3．光纤和波长配置

采用 G.652 标准单模光纤。分前端以下采用 1310nm 波长，正向和回传向各占用 1 芯光纤。

4．网络管理

CMTS 系统设备应支持 SNMP 网管功能。

5．网络特点

充分利用现有同轴电缆资源，入户施工难度小，可实现快速改造，但对 HFC 网络要求高，整改难度较大，后期带宽升级空间小，不能满足下一代广电网络的需求。性能适中，可靠性低，成本较高。仅适用于已经严格按双向 HFC 网络标准设计和建设的网络。

6．用户带宽优化

CMTS 系统是基于 DOCSIS 标准来设计的，系统主要由前端设备 CMTS 和 Cable Modem 组成。CMTS 技术目前已成熟应用的是 DOCSIS2.0 协议标准，可达到下行 38Mbit/s、上行 30Mbit/s 带宽（共享方式）。考虑 CMTS 技术，用户带宽优化路线如下。

随着用户带宽需求提高，可将 CMTS 前端设备下移靠近用户来扩展用户带宽。CMTS 技术正在向 DOCSIS3.0 协议标准发展，通过捆绑 4 个频道，实现下行 160Mbit/s、上行 120Mbit/s 带宽（共享方式），解决目前带宽不足的问题。

这种 CMTS+CM 的优点在于：利用现有的 CATV 网络提供双向通信，适合稀疏模式网络覆盖区域；大面积覆盖，低开通率情况下成本较低，前期投入少；技术标准及产品比较成熟。缺点在于：需要对 HFC 光电传输链路部分进行双向改造；噪声汇聚效应影响系统的带宽和性能，同轴电缆及接头质量要求较高，后续维护工作量较大；CMTS 下行通道带宽有限，前端共享 38Mbit/s，可开通用户数少；可承载业务有限，大带宽业务无法满足；后续系统扩容成本巨大。

7. HFC 提供的业务

由于在 HFC 的数据通信系统 Cable Modem 中采用了 IP 协议，所以很容易开展基于 IP 的业务，如 IP VOD 业务、IP Phone 等。

（1）IP phone：Cable Modem 的传输协议采用 IP，增加一定的软件和硬件可以实现电话业务。目前，新的 Cable Modem 标准中就准备加进 IP Phone 的内容。

（2）数字电视（Digital TV，DTV）：在 Cable Modem 系统中，物理层的数字调制与解调技术符合 DVB 标准，只需在有线电视前端和用户端增加视频编解码设备。这样可以使得 Cable Modem 具有多功能的特点，可以避免进行数字电视广播的重复投资，同样也减少了用户端设备的成本。

（3）交互式有线电视（Interactive CATV，ITV）：Cable Modem 系统设备使原来单向分配的 HFC 网络变成双向可进行数据传输的交互式系统，因而可以结合原有的电视业务开展 ITV，提供 VOD、MOD 等业务。

（4）高速 Web 页面浏览：由于 Cable Modem 下行数据信道传输速率可达 27Mbit/s，上行回传可达 10Mbit/s 的速率，所以完全可以利用 Cable Modem 开展高速冲浪、多媒体远程教学、远程医疗、网上游戏、电子商务等业务。

除了上述业务，开发多功能的 Cable Modem，除了具有计算机联网功能、提供 Internet 浏览外，同时具有数字电视接收和 VOD 机顶盒的功能，只需加一个 VCD/CD 机芯配件就能实现。

8. CMTS 技术风险

（1）上行噪声将破坏上行通道的数据传输，使系统传输质量降低。上行噪声汇聚也给工程和维护带来困难。

（2）单位带宽成本较高。

（3）我国人口稠密，CMTS 的 Cable 接入属于共享线路方式，可承载业务有限，无法满足大带宽业务的需求，不利于有高带宽需求的新业务的开展。

16.4　EoC 技术

EoC（Ethernet over Coax）是当下双向网改造中热门技术之一，即以太数据通过同轴电缆传输，在一个同轴电缆上同时传输电视信号及宽带网络信号。它以简单、稳定、安全、成本低等优点成为双向网改造技术中的首选，称之为"最后一百米解决方案"。

16.4.1　为什么要引入 EoC 技术

2010 年 1 月 13 日，国务院总理温家宝主持召开国务院常务会议，决定加快推进电信网、广播电视网和互联网三网融合。会议提出了推进三网融合的阶段性目标，2010 年至 2012 年广电和电信业务双向进入试点，2013 年至 2015 年，全面实现三网融合发展。对于广电网络来说，要实现三网融合，目前迫切需要解决的是网络的双向化改造，而广电网络如何对有线电视网进行改造，建立基于 CATV（有线电视网）的宽带数据传输系统，最大程度地利用现有的网络资源，用较小的投资进行改造，迅速发展宽带用户，是广电行业面临的巨大挑战和历史机遇。

我国的有线电视经过了 20 多年的发展，全国有线电视网络线路总长度现在超过了 300 万千米，光纤干线达到 26 万千米，已经建立了一张覆盖全国城乡的 HFC 网络。同时，随着网络通信技术的发展，以及国务院对三网融合政策的制定，各地都开始行动起来，利用 HFC 网络为家庭用户提供个性化的互动视频娱乐服务，这将成为未来 3～5 年最大的新兴产业机会。

HFC 网络拥有丰富的带宽资源，具有巨大的产业开发价值。但是，传统的有线电视网传输的电视信号是广播式的，为了实现双向交互业务，就必须对原有的有线电视网进行相应的改造。广电网络向前演进为 NGB 的浪潮已经不可阻挡，随着双向互动电视业务以及宽带数据业务迅猛发展，IPTV 及宽带接入市场竞争加剧，对广电城域骨干网络的高带宽、高可靠性、多业务承载能力以及用户接入的方式和接入带宽、质量均提出了更高的要求，NGB 的骨干网和内容平台都已经有相对成熟的解决方案，接入网络的建设由于解决方案的复杂性和占总体投资比例的重要性成为了当前 NGB 建设的重点和难点。

目前有线电视双向改造有 4 种典型模式。一是采用 CMTS 系统，二是 EoC 接入方式，三是直接采用以太网入户方式（LAN），四是 FTTH/FTTB 模式。

CMTS+CM 在原有的同轴线路上传输上/下行数据，需要对原有的同轴线路进行双向改造，有时还牵涉更换电缆，成本较高。此外，CMTS 一般还存在带宽低，上下行带宽不对称的缺点，由于低频信号容易受干扰，往往造成数据传输质量不高，容易中断并且定位起来十分困难，后期维护成本高昂。从全球范围看，只有 2 家主流供应商提供设备，价格一直居高不下。

以太网接入用户，从形式上看是最理想的方式，并且国内已经有部分城市实施了这一方案，但是工程施工、初期资金投入、业务合作模式等方面的问题，决定了这个方案只能是在局部有条件的地方获得突破，其他大部分地区还无法克隆这套方案。

广电 HFC 网络中的同轴电缆网是一种理想的数据传输媒介之一，尤其在最后一百米的带宽支持能力远远高于电信运营商通常所采用的五类线或电话线资源。另外，考虑到网络改造所花费的成本、工期，网络的可拓展性，对多业务的支持能力等因素，现今越来越多的广电网络公司利用现有同轴电缆来实现双向网络（EoC）的改造。

表 16-2   EoC 与现有几种改造技术比较

		CMTS	EoC	LAN	FTTH/FTTB
投资情况	前期投资	前端价格高，项目前期投资大，前期覆盖成本低；用户规模发展后，大带宽需求用户成本依然偏高；户均成本高	前端价格较低，前期投资低，覆盖成本较低；用户规模发展后，成本线性增加；户均成本较低	前期覆盖成本高，初期投入大；规模后，新增用户成本低；用户密集度越高，户均成本越低	前期投资大，前端 OLT 终端 ONU 都较贵；规模发展后，成本线性增加；户均成本高
	规模发展				
	户均成本				
工程要求	网改难度	要求全网双向改造；前端覆盖能力强，可短期内规模覆盖；施工技术要求较高；网络漏斗噪声和电平均衡要求高，对运维人员要求较高	无需对 HFC 网络进行改造；可在短期内，有选择地区域覆盖；施工难度小，前端终端安装方便；设备易维护，对运维人员要求低	对 HFC 无改动，但要重铺 LAN 网络；要进行覆盖建设；小区、楼道、入户走线难度大；网络容易受各种外界条件影响，维护量大	要新布光缆网，将光节点前推；OLT 的覆盖能力强，可大规模覆盖；施工量大，工艺比较复杂，使用办公区域等业务高度密集区；维护较简单
	覆盖能力				
	施工难度				
	维护难度				
功能性能	户均带宽	共享前端 38Mbit/s 带宽，户均带宽低；网管能力强；抗噪能力弱，对网络质量要求高；规模商用，产品成熟	前端带宽大，且靠近用户侧，户均带宽大；网管能力较强；抗噪能力强，维护简单；局部商用，标准完善中	因是铺新网，带宽大，组网灵活；网管能力强；抗干扰能力较强，电口传输距离有限；技术成熟	户均带宽大，1.25Gbit/s 共享带宽；端到端的网管能力还要加强；光口传输距离长，抗干扰能力强；技术成熟

从表 16-2 所示的 EoC 系统与其他接入网络比较看来，如果广电网络能利用自己现有的 Cable 网络，来完成最后 100m 的双向网络入户改造，是比较现实的方案。EoC（Ethernet over Coax）方案应运而生。它通过用户家里的同轴电缆来承载以太网络，为数字电视等交互业务提供回传通道，是目前流行的技术。

16.4.2   EoC 原理介绍

EoC 源于欧洲一些厂家，是以太网信号在同轴电缆上的一种传输技术，原有以太网络信号的帧格式没有改变。EoC 传输技术利用了有线电视信号使用 45～860MHz 高端频率，以太网的基带数据信号使用 0～20MHz 的低端频率，故两者可以在同一根电缆中传输而互不影响，把以太网的数据基带信号与电视信号通过合路器馈送到原电视网的分配电缆上，一起送至用户。在用户端通过分离器将电视信号与数据信号分离开来，电视信号送至电视机，数据信号送至计算机。这样不改变原电视分配网的电缆系统，又不用另加五类线，为有线电视同轴网宽带接入提供了一种经济实用的技术方案，如图 16-9 所示。

EoC 方案主要分为有源 EoC 和无源 EoC。

1. 有源 EoC

有源 EoC 是采用频分复用技术将预先调制的以太网 IP 数据信号与 CATV 信号混合在一起，然后通过同轴分配网传输至用户端，分离出 CATV 信号和 IP 数据信号，IP 数据信号进行解调还原成原始以太网数据信号。有源 EoC 由于采取了一些适应 CATV 网络特性的处理技术，所以能克服无源 EoC 的缺点，能适应树型、星型以及混合型网状网，能够过分支分配器，具有传输距离远，带宽高，支持 QoS，支持集中网管等优点，能够很好地满足 HFC

同轴分配网络结构特点。常见的标准有如下几种。

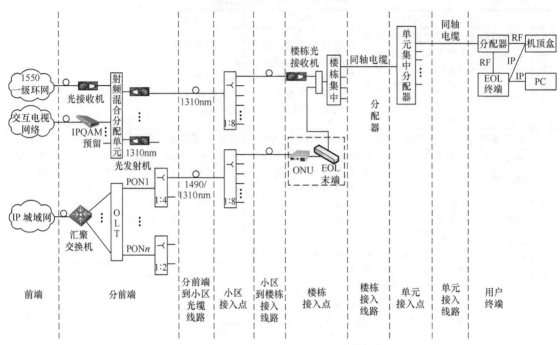

图 16-9　FTTB+EoC 改造方案组网示意图

（1）家庭电话线网络联盟（Home PNA over coax）

HomePNA 是 Home Phoneline Networking Alliance（家庭电话线网络联盟）的简称，该组织于 1998 年成立，致力于开发利用电话线架设局域网络的技术，其创始会员包括 Intel、IBM、HP、AMD、Lucent、Broadcom 及 3Com 等知名公司。

HPNA 可以利用家庭已有的电话线路，快速、方便、低成本地组建家庭内部局域网，利用家庭内部已经布好的电话线和插座，不需要重新部署五类线，增加数据终端如同增加话机一样。

目前，该组织共发布了 3 个技术标准。1998 年秋天发布 HomePNA V1.0 版本，传输速率为 1.0Mbit/s，传输距离为 150m；1999 年 9 月发布 V2.0 版本，并可兼容 V1.0 版本，Home PNA2.0 传输速率为 10Mbit/s，传输距离为 300m；2003 年所推出的 3.0 版规范（2005 年成为世界标准——ITU G.9954），将传输速率大幅提升到 128Mbit/s，且还可扩展到 240Mbit/s。HomePNA 3.0 提供了对视频业务的支持，除了可以使用电话线作为传输媒体外，也可使用同轴电缆，为 HomePNA over Coax 奠定了基础。它可与大部分的家庭网络设备，如 Ethernet、802.11 及 IEEE1394 等设备连接使用。

其优点在于：系统工作于低频段，链路衰减较小，覆盖范围较大；系统数据传输能力较高，MAC 层最大传输能力接近 100Mbit/s，频谱利用率高；TDMA 工作方式，系统以太网二层功能较全，能够实现基于流的 QoS 保证、业务管理；系统网管能力较强，支持 SNMP 网管；在节点较少的家庭联网场合，它还是一种比较实用的技术。

在试验中发现，以一条电话线或同轴线连接 6 台以上的电脑时，电脑之间复制文件的速度会变得很慢，因此 HomePNA 比较适合节点数较少的家庭联网场合；低频段频谱资源有限，系统不支持多信道工作，系统可扩展性不高；系统采用 FDQAM 调制方式，系统接收范围较窄，抗干扰能力相对较差；系统 1 台局端带 1 台终端测试数据显示，MAC 层上下行吞吐率差异较大，上行吞吐率较低；系统仅支持上下行限速，不支持 DBA。

（2）Wi-Fi over Coax

Wi-Fi over Coax 主要是借用 IEEE（美国电子电气工程师协会）的 802.11 系列。802.11 由很多子集构成，它详细定义了 WLAN 中从物理层到 MAC 层（媒体访问控制）的通信协议，在业界有广泛的影响。相关标准经历了 802.11b、802.11a 和 802.11g、802.11n 标准。目前 802.11 主流的产品都是基于 802.11g 或 802.11n 标准的。此外制定 WLAN 标准的组织还有 ETSI（欧洲电信标准化组织）和 HomeRF 工作组，ETSI 提出的标准有 HiperLan 和 HiperLan2，HomeRF 工作组的两个标准是 HomeRF 和 HomeRF2。在这 3 家组织所制定的标准中，IEEE 的 802.11 标准系列由于它的以太网标准 802.3 在业界具有影响力，所以在业界一直得到最广泛的支持，尤其在数据业务上。

无线局域网技术是无线通信领域最有发展前景的技术之一。目前，WLAN 技术已经日渐成熟，应用日趋广泛。

Wi-Fi 就是一种无线联网的技术，以前通过网络连接电脑，而现在则是通过无线电波来联网。常见的就是一个无线路由器，那么在这个无线路由器的电波覆盖的有效范围都可以采用 Wi-Fi 连接方式进行联网，如果无线路由器连接了一条 ADSL 线路或者别的上网线路，则又被称为"热点"。现在市面上常见的无线路由器多为 54Mbit/s 速率，当然这个速率并不是你上互联网的速率，上互联网的速率主要是取决于 Wi-Fi 热点的互联网线路。

不同的厂家实现 Wi-Fi over Coax 的方式略有不同，最大的差别在于：使用的频段不同，是否变频。由于 Wi-Fi 使用 2.4GHz 频段，频率很高，电缆和无源分支分配器的损耗很大，实际数据传输流量很小，很不适合在国内 5～1000MHz 带宽的电缆分配网络中工作。虽然现在已经有 5～2500GHz 的分支分配器，但是更换工作量大，成本上升，器材浪费。

有的厂家的 Wi-Fi over Coax 采用变频解决方案，将 2.4GHz 下变频到 1GHz 左右的频段。这虽然减小了电缆和无源分支分配器的损耗，但是带来了新的问题——标准化。

其技术优势在于：系统设备类型齐全，包括前端设备、终端设备、无源中继设备，网络适用性强；系统工作于高频段（2400MHz 或变频），1 台前端支持 256 台终端，实际测试 62 台终端，组网能力较强；系统以太网二层功能较全，系统稳定性高；系统支持 VLAN 划分和 VLAN 优先级，统一终端设备不同业务之间优先级设置，保证高优先级业务传送带宽；系统网管能力较强，支持 SNMP 网管。

但将 WLAN 调制技术用到 CATV 的同轴电缆分配网中，缺点是显而易见的，其工作在 2400Hz，同轴电缆损耗大，布线长时不能保证可靠通信，同轴分配系统的无源器件要更换，而且要求同轴电缆分配网络是集中分配系统，因此，不能普遍使用。但在用户高度集中区（高层建筑和其他短布线的地方），目前其还是一个性价比较高的方案。

（3）HomePlug AV

第一个 HomePlug 标准 HomePlug 1.0 早在 2001 年就得到批准，理论数据率最高达 14Mbit/s。2004 年推出了 HomePlug 1.0 Turbo 版，最大理论数据率提高到 85Mbit/s。而新一代技术 HomePlug AV 标准于 2005 年 8 月被论坛董事会通过并于同年 12 月向会员开放，HomePlug AV 理论数据率提高到 200Mbit/s（实际可以稳定在 100Mbit/s）。关键的是 HomePlug AV 含有先进的噪声处理技术能够消除噪声。在实际测试中，即使电线陈旧，也没发现 HomePlug AV 的性能下降。而且 HomePlug AV 的算法在双绞线电话接线和同轴电缆上的表现同样出色。在同轴电缆上采用 HomePlug AV 技术可以获得与 MoCA 技术大致相同的性能。在测试中，HomePlug 联盟发现，HomePlug AV 在 80% 的电线插座中净数据率至少为 50～55Mbit/s。当利用同轴电缆进行测试时，HomePlug AV 的数据率约为 110Mbit/s。因为当初设计 HomePlug AV 的时候就是要保证它能在恶劣环境中正常运行，在同轴电缆上运行时性能更好。

HomePlug AV 的目的是在家庭内部的电力线上构筑高质量、多路媒体流、面向娱乐的网络，专门用来满足家庭数字多媒体传输的需要。它采用先进的物理层和 MAC 层技术，提供 200Mbit/s 级的电力线网络，用于传输视频、音频和数据。

优势是：利用的低压电力线是现有的电力基础设施，是世界上覆盖面最大的网络，无需新建线缆，无需穿墙打洞，避免了对建筑物和公共设施的破坏；系统工作于低频段，链路衰减较小，覆盖范围较大；由于采用较多的抗干扰技术，系统在有限电视仿真网中抗干扰能力较强；利用室内电源插座安装简单，设置灵活，为用户实现宽带互联和户内移动带来很多方便；带宽较宽，速率可达 200Mbit/s，可满足当前一段时间宽带接入业务的需要；能够为电力公司的自动抄表、配用电自动化、负荷控制、需求侧管理等提供传输通道，实现电力线的增值服务，进而实现数据、话音、视频、电力的"四线合一"。

缺点是：电力负荷的波动对 PLC 接入网络的吞吐量有一定影响，由于多个用户共享信道带宽，当用户增加到一定程度时，网络性能和用户可用带宽有所下降（通过合理的组网可加以解决）；低频段频谱资源有限。

（4）HomePlug BPL

宽带电力线接入（Broadband over Powerline, HomePlug BPL），是一种连接到家庭的宽带接入技术，它利用现有交流配电网的中、低压电力线路，传输和接入因特网的宽带数据业务。HomePlug BPL 的应用分为以电力公司为主的服务和以用户为主的服务。以电力公司为主的服务包括远程抄表、负荷控制、服务的远程启动/停止、窃电检测、动态和汇总数据分析、电能质量监测、安全监视、停电通知、设备监视、配网自动化、分布式发电的监控等；以用户为主的服务包括因特网宽带接入、VoIP、视频传输、安全服务、家庭病毒防御、远程网络管理和故障诊断等。

优势是：系统工作于低频段，链路衰减较小，覆盖范围较大；设备接收动态范围较宽；系统以太网二层功能较全，支持统一局端下的用户相互隔离、广播包/未知包抑制、MAC 地址数限制功能、VLAN 的划分和管理；高级网络管理功能，支持即插即用，可由用户或服务提供商安装和配置网络；共存模式支持多个户内网络和接入网络间实现高效的带宽共享。

劣势是：低频段频谱资源有限，系统不支持多信道工作，系统可扩展性不高；系统带外抑制性能较差；系统数据传输带宽有待提高；系统大包长数据传输时延较大；系统长期丢包率较高，稳定性较差。

（5）MoCA/C-LINK

同轴电缆多媒体联盟（Multimedia over Coax Alliance, MoCA），是产业标准，提供基于同轴电缆的宽带接入和家庭网络产品方案。MoCA 的成员包括运营商、系统设备制造商、芯片供应商构成完整的产业链，c.LINKTM 是 Entropic 公司基于 MoCA 技术的同轴电缆接入产品的商标。

c.LINK 技术在同轴电缆上能传输 270Mbit/s，距离可达 600m/300m。由 c.LINK 技术衍生出两套产品分别针对两大市场。一是家庭内部的数字娱乐网络 c.LINK-HomeNetwork，或者叫 MoCA 家庭网络。另一个是对外的超宽带数据接入 c.LINK-Access。c.LINK 可以跨越同轴电缆的无源分离器实现互连，直接实现端-端数据传输，占用频段 800～1550MHz，每一频道带宽为 50MHz，双向数据速率 270Mbit/s。

有了 c.LINK 产品，不需要重新布线，基于现有的有线同轴电缆，就可以方便地实现 IPTV，同时实现高速宽带接入。此外，还可以广泛应用于小区、酒店、KTV 的基于 MPEG2、HDTV 等各种音视频点播、直播，以及网络游戏等。

优势是：系统设备类型齐全，包括前端设备、终端设备、无源中继设备，网络适用性强，系统工作于高频段，单信道支持 31 台终端，支持多信道工作，扩展性好，组网能力较强；单信道最大传输能力达到 125Mbit/s 以上；通过软件实现 DBA（数据库管理员）功能，能够设置每个终端的保证带宽和最大带宽，但误差较大；系统网管能力较强，支持 SNMP 网管。

劣势是：系统工作于高频段，链路衰减较大；终端设备不支持用户 MAC 地址数限制功能；不支持 VLAN 优先级；系统传送对等带宽双向视频业务时，VOD 视频质量不能保证。

2. 无源 EoC

无源 EoC 技术基于 IEEE 802.3 相关的一系列协议，是以太网信号在同轴电缆上的一种传输技术。原有以太网络信号的帧格式没有改变，最大的改变是从双极性（差分）信号（便于双绞线传输）转换成单极性信号（便于同轴电缆传输）。其最大的特点是通过无源器件的处理就可实现。

无源 EoC 技术支持每个客户独享 10Mbit/s 的速率，支持 IPTV、VOD、VoIP 语音、计算机互连等业务。随着数字电视整体平移的进程，传输系统可以有更多的频谱资源，届时可以升级到每户独享 100 Mbit/s 的速率。

基带 EoC 技术是将以太网数据信号 IP DATA 和有线电视信号 TV RF 采用频分复用技术，使这两个信号在同一根同轴电缆里共缆传输的技术。根据我国的有线电视网络频率老国标分割的标准，将 IP DATA 信号在 35MHz 以下频段传输，TV RF 信号在 48MHz 以上频带传输，可以实现两个信号的共缆传输，而互不影响。在楼宇内利用 HFC 网络入户的同轴电缆将 IP DATA 和 TV RF 混合信号直接传送至用户端，再在用户端实现混合信号的无源分离。

无源 EoC 技术遵循以太网协议，标准化程度高；客户端为无源终端，提高了系统的稳定性，减小了运营维护成本；工程安装不需重新敷设五类线，有效地解决了楼内重新敷设线缆施工困难的问题，建设成本较低。

无源 EoC 采用的是将基带的以太网数据流信号直接混入或分离的技术，没有经过调制，其实质就是一种基于同轴的以太局域网。其最大的特点是通过无源器件的处理就可实现。它适合于集中分配型同轴网络，不适合树型，也不能过分支分配器。从改造情况看，无源 EoC 改造必须具备两个条件：首先，局端数据信号必须到楼道；其次，EoC 下行通道不能有分支分配器，且不能有额外干扰源。这两个条件，导致采用无源 EoC 技术的广电双向网络改造成本非常大，无法适用于广电的树型拓扑网络结构，除了利用电缆入户外，等于重建网络。另外，这一技术在技术上还有一定缺陷，从实际应用来看，还存在太多的问题，所以现在这一技术不推荐使用。

各种 EoC 技术的比较如表 16-3 所示。

表 16-3 各种 EoC 技术比较和评价

比较项目	HomePNA	Wi-Fi	HomePlug	MoCAJtC-LINK	无源 EoC
通信方式	半双工	半双工	半双工	半双工/全双工	半双工
标准	ITUG.9954	802.11/g/n	HomePlug AV	MoCA 1.0	802.3
调制方式	FDQAM/QAM	OFDMJBPSK，QPSK，QAM	OFDM/子载波 QAM 自适应	OFDM/子载波 QAM 自适应	基带 Manchester 编码
占用频段	4～28MHz	2400MHz 或变频	2～28MHz	800～1 500MHz	0.5～25MHz
信道带宽	24MHz	20/40MHz	26MHz	50MHz	25MHz
物理层速率(Mbit/s)	128，共享	54，共享	200，共享	270，共享	10，独享
MAC 层速率(Mbit/s)	80，共享	25，共享	100，共享	135，共享	9.6，独享
MAC 层协议	CSMA/CA	CSMA/CA	CSMA/CA TDMA	CSMA/CA TDMA	CSMA/CD
客户端数量	16 或 32	32 左右	253	31	不受限制/由交换端口数确定
QoS	HPNA 3RQoS+G QoS	Wi-Fi WME（多媒体扩展）	QoS mapped to 802.1d Annex H.2	8 个 802.1D 优先级映射到 2 个或 3 个优先级	802.ld Annex H.2
时延	<30ms	<30ms	<30ms	<5ms	<lms
备注	1. 速率与接入节点数成反比，节点越多性能越低。 2. 只有 1 家芯片厂，风险较大	1. 技术成熟度高，后续发展快。 2. 频率高、损耗大降低了速率	1. 速率与接入节点数成反比，节点越多性能越低。 2. 支持的芯片厂家较多	1. 较新的技术，在 VLAN 和 QoS 等很多方面待完善。 2. 速率与接入节点数成反比，节点越多速率越低。 3. 频率高、损耗大、降低了速率	1. 速率恒定。 2. 无源可靠性极高。 3. 利用最完善和成熟的 Ethernet 技术，有保障

3．EoC 特点

（1）独享 10Mbit/s 带宽。EoC 可为每位用户提供 10Mbit/s 独享带宽，有利于广电运营开展 IPTV、VOD 点播等新的增值业务，并且可以在根据实际业务的发展情况下为每位用户配置及更改具体的带宽，在操作上具有很大的灵活性。

（2）充分利用现有广电网络，节省线路建设成本。传统 LAN 的建设和接入，需要进行大量的垂直和水平五类线的布放，而 EoC 可以充分利用现有的同轴电缆，在上面承载数据和有线电视的业务，大大减少了线路建设的成本。

（3）解决楼内重新敷设五类线施工困难问题。由于使用 EoC 不需要在用户家放置新的线缆，避免了重新敷设五类线的复杂性和困难性，保护了用户的现有家庭装饰，可受到物业及用户的欢迎。

（4）良好的网络拓展性。EoC 系统构建的是一种树型网络结构，因此在网络的扩展性方面非常方便，可以随着业务的不断发展，通过简单的级联，进行灵活的网络拓展。

（5）长距离传输。数据上联端口 100Mbit/s 下支持 150m 五类线，下联端口 10Mbit/s 下支持 100m75-5 同轴电缆。

（6）IP 的无缝连接，简化了网络结构，使用最为成熟的技术与协议，遵循以太网协议，标准化。

16.5　总结

（1）混合光纤同轴网（Hybrid Fiber Coax，HFC）是采用光纤和有线电视网络传输数据的宽带接入技术，它从传统有线电视网发展而来。

（2）现代 HFC 网基本上是星型+总线结构，由 3 部分组成，即前端、干线和分配网络。

（3）Cable modem 系统主要在双向 HFC 网络上工作，是构建 HFC 网络的重要环节。该系统主要由两部分组成，前端 Cable Modem 端接系统（CMTS）和安装在用户房屋内的 Cable Modem（CM）。

（4）EoC（Ethernet over Coax）是当下双向网改造中热门技术之一，即以太数据通过同轴电缆传输，在一个同轴电缆上同时传输电视信号及宽带网络信号。它以简单、稳定、安全、成本低等优点成为双向网改造技术中的首选，称之为"最后一百米解决方案"。

16.6　思考题

16-1　简述有线电视双向网络的基本结构与技术趋势。

16-2　简述 Cable Modem 的系统结构以及各个部分的功能。

16-3　HFC 网络的特点及面临的问题是什么？

16-4　画图说明 HFC 系统的网络结构并说明其主要模块的作用。

16-5　画图说明 HFC 系统的频谱划分使用情况。

16-6　光纤与同轴电缆的传输特性各有哪些？

16-7　简述 EoC 技术的分类及各自的特点。

16-8　在双向 HFC 网络中如何应用 EPON 技术？

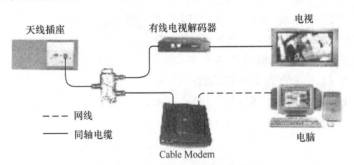

第 17 章

Cable Modem 基本安装与操作实训

17.1 实训目的

- 进一步认识 HFC 系统的组成和 Cable Modem 的基本功能。
- 熟悉 Cable Modem 安装流程与操作。
- 掌握 Cable Modem 在 HFC 接入网中的应用。

17.2 实训规划（组网、数据）

17.2.1 组网规划

Cable Modem 实训组网如图 17-1 所示。

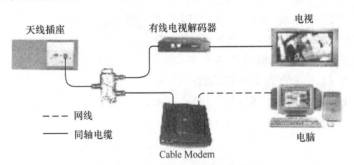

图 17-1　Cable Modem 的安装线路图

组网说明：

本实训平台每个工位配有一个双向二分配器、一台电脑、一台 Cable Modem 设备，每 10 个工位共用一套有线电视解码器和电视机。PC 通过五类线与 Cable Modem 设备相连，Cable Modem 设备上联口经分配器与有线电视插座相连，从而与 CATV 网络互连。

17.2.2 数据规划

本实训 PC 机 IP 地址设置为自动获取即可。

17.3　实训原理——Cable Modem **系统简介**

从第 16 章的知识介绍中，我们知道电缆调制解调器（Cable Modem）技术是在有线电视公司推出的混合光纤同轴网（HFC）上发展起来的。只要在有线电视（CATV）网络内添置电缆调制解调器（Cable Modem）后，就建立了强大的数据接入网，其不仅可以提供高速数据业务，还能支持电话业务。但是为提供双向通信，需要有线电视运营商付出高昂代价。因此，目前有线电视公司运营商已经放弃在光纤/同轴混合网（HFC）上传送传统话音业务，而转向了 Cable Modem，在 HFC 上进行数据传输，提供 Internet 接入，争夺宽带接入市场。

Cable Modem 系统包括前端设备 CMTS 和用户端设备 Cable Modem（CM），两设备通过双向 HFC 网络连接。

1. CMTS 的主要功能

（1）直接与相关的服务器连接，并可通过网络与远端服务器相连接。
（2）通过 HFC 网与用户的 CM 连接。
（3）给每个 CM 授权、分配带宽，解决信道竞争，并根据不同需求提供不同的服务质量。

2. CM 的主要功能

（1）通过 HFC 网与前端 CMTS 连接。
（2）接受 CMTS 授权，并根据 CMTS 传来的参数，实现对自身的配置。
（3）在用户侧可与用户设备（CPE）连接，包括用户计算机、HUB 或局域网；部分地完成网桥、路由器、网卡和集线器的功能。

17.4　**实训步骤与记录**

步骤 1：关闭图 17-1 中所示的所有设备的电源，安装前一定要核实设备电源是否关闭，以保证人员和设备安全。

步骤 2：按照图 17-1 所示，连接同轴电缆部分。

步骤 3：连接 Cable Modem 和计算机。

步骤 4：接通 Cable Modem 电源，等待 Cable Modem 上网。Cable Modem 第一次使用时可能需要花费较长时间才能上网，是正常现象。

步骤 5：打开计算机，将计算机设为自动获得 IP 地址模式。请参见第 4 章实训步骤 1。

步骤 6：在"CMD"模式下，输入命令"ipconfig"，观察该计算机获得的 IP 地址是否正确。

步骤 7：测试是否正常工作。打开 IE 浏览器，在地址栏中输入 www.sina.com.cn 网址，看是否能正常打开网页。

17.5　**总结**

（1）本项目的实施因地制宜，根据各个学校的校内实训场地而定，校内没有建设 HFC

实训基地的也可以和企业联系，到校外实训基地进行，还可以采用视频、多媒体等方式辅助教学。

（2）通过本次实训，进一步加深了解 HFC 系统的架构及其应用，通过对 Cable Modem 的安装与操作，熟悉了 Cable Modem 业务开通的流程，同时也进一步提高了计算机网络相关命令的使用与操作。

17.6 思考题

17-1 本实训使用的 Cable Modem 是什么型号的？

17-2 简述 CMTS 和 CM 的主要功能有哪些。

参 考 文 献

[1] 杨晓波等. 宽带接入实训教程. 北京：人民邮电出版社，2014.2

[2] 方国涛. 宽带接入技术. 北京：人民邮电出版社，2013.2

[3] 申普兵. 宽带网络技术（第 2 版）. 北京：人民邮电出版社，2013.9

[4] 闫书磊等. 局域网组建与维护（第 3 版）. 北京：人民邮电出版社，2012.5

[5] 华为 SmartAX MA5300 宽带接入设备_设备手册

[6] 华为 SmartAX MA5300 宽带接入设备_操作手册

[7] 华为 SmartAX MA5300 宽带接入设备_命令手册

[8] MikroTik_RouterOS_V5_中文教程

[9] 华为 SmartAX MA5383T 光接入设备 产品描述（V800R006C02_02）

[10] 华为 SmartAX MA5383T 光接入设备 命令参考（V800R006C02_02）

[11] 华为 SmartAX MA5383T 光接入设备 调测和配置指南（V800R006C02_02）

[12] Tenda w311r 无线宽带路由器用户手册

[13] 蒋青泉. 接入网技术. 北京：人民邮电出版社，2009.5